软件测试专项技术

专项技术

基于 Web、移动应用和微信

51Testing 软件测试网◎组编

51Testing 教研团队◎编著

人民邮电出版社

北 京

图书在版编目（ＣＩＰ）数据

软件测试专项技术：基于Web、移动应用和微信 /
51Testing软件测试网组编；51Testing教研团队编著
. -- 北京：人民邮电出版社，2020.4
ISBN 978-7-115-52760-8

Ⅰ. ①软… Ⅱ. ①5… ②5… Ⅲ. ①软件－测试－研
究 Ⅳ. ①TP311.55

中国版本图书馆CIP数据核字(2019)第267803号

内 容 提 要

本书从理论、技术和实践方面介绍了如何测试 Web、移动应用和微信，并给出了大量测试案例。本书共 5 章，主要内容包括 Web 测试涉及的理论和技术、常用 Web 开发技术、高级 Web 开发技术、移动应用的测试，以及微信的测试。

本书适合软件测试人员阅读，也可供相关专业人士参考。

◆ 组　　编　51Testing 软件测试网
　 编　　著　51Testing 教研团队
　 责任编辑　谢晓芳
　 责任印制　王　郁　焦志炜

◆ 人民邮电出版社出版发行　北京市丰台区成寿寺路 11 号
　 邮编　100164　电子邮件　315@ptpress.com.cn
　 网址　http://www.ptpress.com.cn
　 固安县铭成印刷有限公司印刷

◆ 开本：800×1000　1/16
　 印张：15.25　　　　　　　　2020 年 4 月第 1 版
　 字数：279 千字　　　　　　 2025 年 2 月河北第 29 次印刷

定价：59.00 元

读者服务热线：(010)81055410　印装质量热线：(010)81055316
反盗版热线：(010)81055315

前　言

随着 Web 技术的迅猛发展，Web 正以广泛性、交互性和易用性等特点迅速风靡全球，并且渗入各个应用领域。Web 系统涉及的领域越来越广，Web 系统也越来越复杂，用户对 Web 系统的功能、性能（如安全性、稳定性）等也提出了更高的要求。作为保证软件质量和可靠性的重要手段，Web 与应用程序的测试已成为 Web 开发过程中的一个重要环节，并得到越来越多的重视，也取得了一定的研究成果。然而，因为 Web 与应用程序具有异构、分布、并发等特性，所以对 Web 与应用程序进行测试需要学习大量的测试技术。

本书内容

本书分为 5 章，每一章都是层层递进、相互关联的。

第 1 章简要介绍 Web 测试涉及的理论和技术。

第 2 章介绍 Web 开发中的常用技术。

第 3 章详细介绍 Web 开发中的高级技术。

第 4 章深入分析移动应用测试的原理和技术。

第 5 章讲述微信的测试技术。

本书内容新颖、体系完整、结构清晰、实践性强，从理论、技术和实践 3 方面深入细致地介绍了 Web、移动应用和微信的测试方法。通过对本书内容的学习，读者能较快地掌握 Web、移动应用和微信的测试方法，提升测试水平。

作者结合多年的教学与实践经验，由浅入深地详细阐述了 Web、移动应用和微信的测试技术，方便读者深入了解和学习软件测试技术。

作者简介

51Testing 软件测试网是专业的软件测试服务供应商，为上海博为峰软件技术股份有限公司旗下品牌，是国内人气非常高的软件测试门户网站。51Testing 软件测试网始终坚持以专业技术为核心，在软件测试领域不断深入研究，自主研发软件测试工具，为客户提供全球领先的软件测试整体解决方案，为行业培养优秀的软件测试人才，并提供开放式的公益软件测试交流平台。51Testing 软件测试网的微信公众号是"atstudy51"。

致谢

感谢人民邮电出版社提供的这次合作机会，使本书能够早日与读者见面。

作者

服务与支持

本书由异步社区出品，社区（https://www.epubit.com/）为您提供后续服务。

提交勘误

作者和编辑尽最大努力来确保书中内容的准确性，但难免会存在疏漏。欢迎您将发现的问题反馈给我们，帮助我们提升图书的质量。

当您发现错误时，请登录异步社区，按书名搜索，进入本书页面，单击"提交勘误"，输入勘误信息，单击"提交"按钮即可（见下图）。本书的作者和编辑会对您提交的勘误进行审核，确认并接受后，您将获赠异步社区的 100 积分。积分可用于在异步社区兑换优惠券、样书或奖品。

扫码关注本书

扫描下方二维码，您将会在异步社区微信服务号中看到本书信息及相关的服务提示。

与我们联系

我们的联系邮箱是 contact@epubit.com.cn。

如果您对本书有任何疑问或建议,请您发邮件给我们,并请在邮件标题中注明本书书名,以便我们更高效地做出反馈。

如果您有兴趣出版图书、录制教学视频,或者参与图书翻译、技术审校等工作,可以发邮件给我们;有意出版图书的作者也可以到异步社区在线提交投稿(直接访问 www.epubit.com/selfpublish/submission 即可)。

如果您所在学校、培训机构或企业想批量购买本书或异步社区出版的其他图书,也可以发邮件给我们。

如果您在网上发现有针对异步社区出品图书的各种形式的盗版行为,包括对图书全部或部分内容的非授权传播,请您将怀疑有侵权行为的链接通过邮件发送给我们。您的这一举动是对作者权益的保护,也是我们持续为您提供有价值的内容的动力之源。

关于异步社区和异步图书

"异步社区"是人民邮电出版社旗下 IT 专业图书社区,致力于出版精品 IT 技术图书和相关学习产品,为作译者提供优质出版服务。异步社区创办于 2015 年 8 月,提供大量精品 IT 技术图书和电子书,以及高品质技术文章和视频课程。更多详情请访问异步社区官网 https://www.epubit.com。

"异步图书"是由异步社区编辑团队策划出版的精品 IT 专业图书的品牌,依托于人民邮电出版社近 30 年的计算机图书出版积累和专业编辑团队,相关图书在封面上印有异步图书的 LOGO。异步图书的出版领域包括软件开发、大数据、AI、测试、前端、网络技术等。

异步社区

微信服务号

目 录

第 1 章 Web 测试涉及的理论和技术

本章主要介绍 Web 测试涉及的相关理论和技术。主要内容包括：

- Web 系统；
- Web 协议；
- 常见 Web 应用程序——Wireshark 的使用。

1.1 Web 系统

1.1.1 Internet 和 Intranet

1. Internet

定义：Internet 的中文正式译名为因特网，又称为国际互联网。它是由使用公用语言互相通信的计算机连接而成的全球网络。

目的：允许全球数以亿计的人们通信和共享信息。

2. Intranet

定义：Intranet 是企业内部网，是 Internet 的延伸和发展。它提供的是一个相对封闭的网络环境。这个网络在企业内部是分层次开放的，在内部有使用权限的人员可以不加限制地访问 Intranet，但对于外来人员，则有着严格的授权机制。

目的：使企业内部的秘密或敏感信息受到网络防火墙的保护。

3. 网络拓扑

Internet 和 Intranet 的网络拓扑如图 1-1 所示。

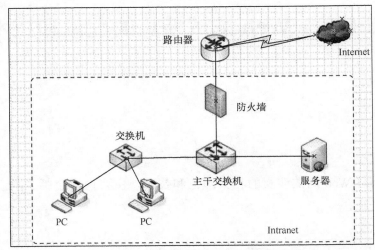

图 1-1　Internet 和 Intranet 的网络拓扑

1.1.2　3 种基本的网络架构

在目前的 Internet 环境中，主要有 3 种网络架构：

- C/S（Client/Server）架构；
- B/S（Browser/Server）架构；
- P2P（Point-to-Point）架构。

1. C/S 架构

C/S 架构的中文名称为客户端/服务器架构，即胖客户机。它的典型应用有 QQ 等即时通信工具，《魔兽世界》《传奇》这类大型网络游戏，Outlook、Foxmail 这类邮件客户端，甚至现在经常使用的 360 安全卫士、搜狗输入法等。在移动设备上也有很多 C/S 架构的应用程序，如智能手机里安装的新闻阅读器、天气查询软件和在线视频播放软件等。C/S 架构的系统有一个共同的特点，那就是客户端是定制的，是为完成各类功能并与服务器进行通信而专门开发的。对于不同的应用，有不同的客户端，没有统一的标准和规范。

2. B/S 架构

B/S 架构的中文名称为浏览器/服务器架构，即瘦客户机。它随着 Internet 技术的兴起而产生，是 C/S 架构的变体或者改进的 C/S 架构。在这种架构下，用户工作界面是通过 WWW 浏览器来实现的，少部分事务逻辑在浏览器端实现，主要事务逻辑在服务器端实现。这样就大大降低了客户端计算机的载荷，减少了系统维护与升级的成本和工作量，从而降低了用户的总体成本。

B/S 架构的典型应用包括百度（搜索引擎）、淘宝（电子商务）、新浪和雅虎（门户网站），以及 51Testing 和 CSDN（论坛）等，各类应用数不胜数。但无论哪种应用都通过网页浏览器进行访问，通过浏览器与服务器的通信来实现。

3. P2P 架构

P2P 架构的典型应用包括局域网聊天工具"飞秋"等，这类系统的特点是不需要服务器中转，客户端彼此能直接通信。

1.1.3　B/S 架构和 C/S 架构的比较

1. B/S 架构的优缺点

B/S 架构的优点如下。

- 具有分布式特点，可以随时随地进行查询、浏览等业务处理。
- 业务扩展简单，通过增加网页可增加服务器功能。
- 维护简单，只需要改变网页，即可实现所有用户的同步更新。

B/S 架构的缺点如下。

- 无法实现具有个性化的功能要求。
- 以鼠标作为最基本的操作方式，无法满足快速操作的要求。
- 页面动态刷新和响应速度明显降低。

2. C/S 架构的优缺点

C/S 架构的优点如下。

- 由于客户端与服务器直接连接，没有中间环节，因此响应速度快。
- 操作界面美观、形式多样，可以充分满足客户自身个性化的要求。
- 具有较强的事务处理能力，能实现复杂的业务流程。

C/S 架构的缺点如下。

- 需要专门的客户端安装程序。它针对点多面广且不具备网络条件的用户群体，不能实现快速安装、部署和配置。
- 兼容性差。对于不同的开发工具，具有较大的局限性。若采用不同的工具，则需要重新改写程序。
- 升级的成本较高。

1.1.4　Web 的特点

下面介绍的这些特点有助于读者理解 Web 测试的必要性。

1. Web 是图形化的和易于导航的

目前 Web 非常流行的一个很重要的原因在于，它可以在一页上同时显示色彩丰富的图形和文本。在 Web 之前的因特网上信息只有文本形式。Web 可以提供将图形、音频和视频信息集于一体的功能。同时，Web 是非常易于导航的，只需要从一个链接跳到另一个链接，就可以在各页、各站点之间进行浏览了。

2. Web 是与平台无关的

无论用户使用的是哪种平台，都可以通过因特网访问万维网（World Wide Web，WWW）。浏览 WWW 对用户的平台没有限制。无论是 Windows 系统、UNIX 系统、Mac OS，还是其他平台，都可以访问万维网。对网站的访问是通过一种名为浏览器的软件来实现的，如微软的 IE、谷歌的 Chrome 等。因此，在测试 Web 时，兼容性测试很重要。

3. Web 是分布式的

大量的图形、音频和视频信息会占用相当大的磁盘空间，有时甚至无法预知信息的多少。对于 Web 而言，没有必要把所有信息都放在一起，它们可以放在不同的站点上，只需要在浏览器中指明这个站点就可以了。这种存放方式可以使在物理上并不一定在一个站点中的信息在逻辑上一体化，从用户角度来看，这些信息便是一体的。

4. Web 是动态的

由于各 Web 站点的信息包含本身的信息，因此信息的提供者可以经常对站点上的信息进行更新，如某个协议的发展状况、公司的广告等。一般各站点都应尽量保证信息的时效性。因此，Web 站点上的信息是动态的且是经常更新的，这一点是由信息的提供者来保证的。

5. Web 是交互的

Web 的交互性首先表现在它的超链接上，用户的浏览顺序和所访问的站点完全由自己决定。另外，通过表单的形式可以从服务器端获得动态的信息。用户通过填写表单可以向服务器提交请求，服务器可以根据用户的请求返回相应信息。

1.1.5　Web 的工作原理

1. Web 服务器的工作原理

安装了 Web 服务器软件的计算机就是 Web 服务器。Web 服务器软件对外提供 Web 服务，供客户访问、浏览，接收客户端请求，然后将特定内容返回客户端。

Web 服务器的工作流程是用户通过 Web 浏览器向 Web 服务器请求一个资源，当 Web 服务器接收到这个请求后，将查找该资源，然后将资源返回给 Web 浏览器，如图 1-2 所示。

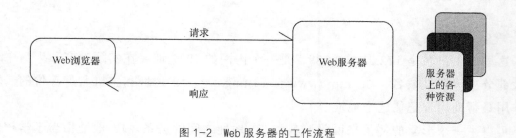

图 1-2　Web 服务器的工作流程

2. Web 客户端的工作原理

通常将向 Web 服务器发出请求以获取资源的软件称为 Web 客户端。

下面介绍 Web 客户端的工作流程。当用户单击超链接或在浏览器中输入地址后，浏览器将该信息转换成标准的 HTTP 请求并发送给 Web 服务器。当 Web 服务器接收到 HTTP 请求后，根据请求内容查找所需信息，找到相应资源后，Web 服务器将该部分资源通过标准的 HTTP 响应发送回浏览器。最后浏览器接收到响应并显示 HTML 文档，如图 1-3 所示。

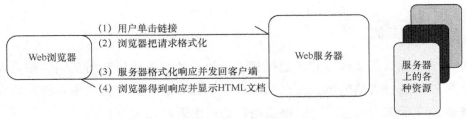

图 1-3 Web 客户端的工作流程

1.1.6 Web 站点的组成

在本节中，以访问地址 http://172.21.200.189/oscommerce/index.php 为例，介绍 Web 站点的组成。

1. 协议类型

上述访问地址中的"http"表明使用的协议是 HTTP。当访问 FTP 站点时，前缀将会是 ftp。

如果使用"https://"作为前缀，则表明是用 SSL 加密的，这会使客户端与服务器之间的信息传输更加安全。

2. 主机名

这里的主机名是 172.21.200.189，是一个内网的 IP 地址。在实际生产和生活中看到的大部分主机名是域名，如 http://www.51Testing.org，IP 地址和主机名是等价的。域名的作用是帮助用户记住这个地址。

可以举一个形象的例子来说明域名和 IP 地址之间的关系。IP 地址相当于学校的地址，如上海市云南北路 59 号，因为它记起来太费劲，不能每次描述地点时都给出上海市云南北路 59 号，所以有了域名。域名相当于房子的别名，如六合大厦。

另外，使用域名 www.baidu.com 进行举例说明，它是由两部分构成的。在互联网上能唯一标识网址的顶级域名是 baidu.com，而 www 只是该顶级域名的一个子域名，如 baidu.com 这个顶级域名下除了 www.baidu.com 外，还有 ditu.baidu.com、baike.baidu.com 等。

3. 端口号

这里的端口号主要是指 Web 服务器开放的端口号。当访问一个网站时，不能只给定主机名，还必须指定端口号。就像寄信一样，邮寄地址不能只写上海六合大厦，这样信可能会收不到，还需要写清楚门牌号 1510，这样的地址才是完整的。一张网卡可以分配 0～65535 个端口，如果只指定主机名，则相当于只能定位到这块网卡，但是不知道哪个端口，这样无法进行通信。这本身是由 TCP/IP 决定的。需要注意的是，0～1024 范围内的端口通常都由操作系统或常见服务所占用，1024 以后的端口可供用户自由分配。

常用的端口号如下所示。

- 对于 HTTP，默认端口号是 80。
- 对于 FTP，默认端口号是 21。
- 对于 SSH 协议，默认端口号是 22。
- 对于 HTTPS，默认端口号是 443。
- 对于 POP3，默认端口号是 110。
- 对于 SMTP，默认端口号是 25。

另外一些常见的服务的端口号如下所示。

- 对于 MySQL 数据库，默认端口号是 3306。
- 对于 SQL Server 数据库，默认端口号是 1433。
- 对于 Oracle 数据库，默认端口号是 1521。

那么为什么我们访问网站时没有输入任何端口号呢？这是因为如果不指定端口号，则浏览器将以 HTTP 默认的端口号 80 来与服务器建立连接，我们不能忽略它的存在。

4. 页面文件

页面文件用于指定要访问服务器上的哪个文件。当访问 http://172.21.200.189/oscommerce/index.php 这个页面时，打开的页面就是 index.php 文件中的内容。

虽然大部分时间没有专门输入文件名，但是为什么可以访问呢？那是因为访问的是网站的首页。每个网站的首页都会有一个默认主页，如 index.php、default.asp 等。其作用在于如果不指定访问哪个页面文件，那么就直接访问这个默认首页。

5. URL 参数

例如，登录腾讯微博的一个页面，如图 1-4 所示。

图 1-4　腾讯微博中一个页面的地址

其中，在问号后面紧跟着的就是统一资源定位符（Uniform Resource Locator，URL）参数，它是一组键值对应的字符串，如 pgv_ref=im.perinfo.perinfo.icon。如果有多个 URL 参数，那么它们之间以"&"来分隔。

可以发现，URL 参数是用户可以自行输入任意数据的地方。既然能任意输入，就免不了受到恶意输入的影响，如最典型的 SQL 注入方式之一就利用了 URL 参数作为攻击入口。

试想一下，如果这个地址中的用户名 jessie_version 被更改为另一个用户名，那么是不是能绕过登录环节直接修改别人的微博内容呢？

尝试修改一下，如图 1-5 所示。

图 1-5　URL 修改后

输入新的 URL 并按 Enter 键后发现，可以直接访问别人的微博！不过腾讯公司已经把权限设置为仅能浏览而不可修改。

完整的 URL 示例如图 1-6 所示（注意，图 1-6 中的 172.16 网段是内网网段）。其中，http 表示协议类型；172.16.200.221 表示"主机名：域名"和 IP 地址等价；8008 表示端口号；agileone/index.php 表示页面文件；最后的省略号表示附加部分——URL 参数。

http://172.16.200.221:8008/agileone/index.php/......

图 1-6　完整的 URL

1.2 Web 协议

本节主要介绍网络中应用层的协议——Web 系统使用的 HTTP。

简单来讲，协议其实就是一种规范。在介绍相关协议前，先介绍一下 OSI 模型，在模型的基础上介绍协议。

1.2.1　OSI 参考模型

开放系统互连(Open System Interconnection，OSI)参考模型是国际标准化组织(ISO)提出的一个试图使各种计算机在世界范围内互连为网络的标准框架。

OSI 参考模型将计算机网络体系结构划分为 7 层，如图 1-7 所示。

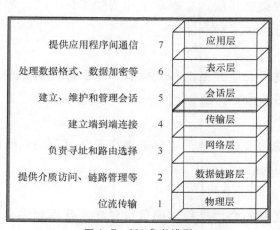

图 1-7　OSI 参考模型

图 1-8 诠释了 OSI 参考模型的 7 层结构。

7	经理	写好信件，阅读信息	应用层	公司事务
6	助理	修改信件，提醒经理有信，并翻译信	表示层	
5	秘书	写好信封，打开信，制作副本	会话层	
4	司机	把信送到邮局，把信件从邮局拿到公司	传输层	
3	分拣工人	把信件按地区分开，为不同客户排好信息	网络层	邮递服务
2	包装工人	包装信件，拆开来自各地的包	数据链路层	
1	搬运工人	传递信件	物理层	

图 1-8 OSI 参考模型的 7 层结构

- 物理层

物理层将数据转换为可通过物理介质传送的电子信号，相当于邮局中的搬运工人。在物理层，数据单位称为位（bit）。常见的物理层设备有中继器、集线器。

- 数据链路层

数据链路层是为网络层提供服务的，在不可靠的物理介质上提供可靠的传输。该层的作用包括寻址、数据的成帧、流量控制、数据的检错和重发等。该层的作用相当于邮局中的包装工人。在数据链路层，数据单位称为帧（frame）。常见的数据链路层设备有二层交换机、网桥。

- 网络层

网络层的作用是选择合适的路由和交换节点使数据正确传送，相当于邮局中的分拣工人。在网络层，数据单位称为数据包（packet）。网络层的主要设备有路由器。

- 传输层

传输层提供端到端的可靠连接，相当于来往于公司和邮局间的司机。在传输层，数据单位称为数据段（segment）。

- 会话层

会话层管理主机之间的会话进程，即负责建立、管理和终止进程之间的会话。它相当于公司中收寄信、写信封与拆信封的秘书。

- 表示层

表示层协商数据交换格式，简单来说，就是编码、加密及解密和压缩。它相当于公司中修改信件、提醒经理有信并翻译信的助理。

- 应用层

应用层通过应用程序来满足网络用户的应用需求，如文件传输、收发电子邮件等。它相当于写信和阅读信息的经理。

1.2.2 TCP/IP 模型

之前介绍的 OSI 参考模型不是一个标准，只是在制定标准时使用的概念性框架。而传输控制协议/互连网络协议（Transmission Control Protocol/Internet Protocol，TCP/IP）模型则是当前网络协议的具体实现。

TCP/IP 规范了网络上的所有通信设备，尤其是一个主机与另一个主机之间的通信标准及传送方式。

图 1-9 是 OSI 参考模型和 TCP/IP 模型的对比，从中可以看到 TCP/IP 模型将 OSI 参考模型归纳成 4 层。

TCP/IP 模型从下至上分别如下。

- 网络访问层：完成从 IP 地址到物理地址的映射，并把 IP 地址分组封装成帧。
- 网络层：提供节点间的数据传输服务，著名的协议有 IP。
- 传输层：提供从源到目的主机的传输服务，以及面向连接的传输控制协议（TCP）和无连接的用户数据报协议（User Datagram Protocol，UDP）。

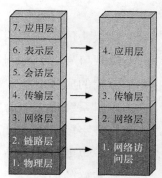

图 1-9　OSI 参考模型和 TCP/IP 模型的对比

- 应用层：将所有与应用层相关的功能整合为一体，包括 HTTP、TFTP、FTP、NFS、SMTP、Telnet、SNMP、DNS 等。

1.2.3 TCP

在数据传输中，可以认为有两个信封，TCP 和 IP 就像是两个信封。要传递的信息被划分成若干段，把每段塞入一个小的 TCP 信封，并在该信封上记录分段号的信息，再将 TCP 信封塞入大的 IP 信封，把 IP 信封发送到网络中。在接收端，一个 TCP 软件包收集信封，抽出数据，按发送前的顺序还原，并加以校验，若发现差错，则 TCP 将会要求重发。因此，TCP/IP 在 Internet 中几乎可以无差错地传送数据。

在上面的例子中，在大信封上写明了接收地址，而里面的内容就是要传送的数据。

下面就来看一下 TCP 头（见图 1-10）的写法，从而理解传输的原理。

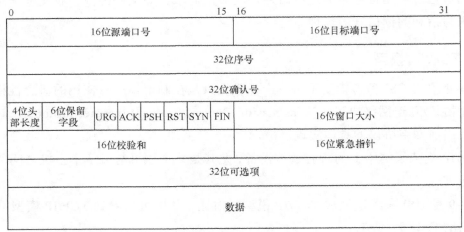

图 1-10　TCP 头

TCP 协议头的组成说明如下。

- 源端口号、目标端口号字段：各占 16 位。TCP 使用"端口"来标识源端和目标端的应用进程。端口号可以使用 0～65 535 的任何数字。在收到服务请求时，操作系统动态地为客户端的应用程序分配端口号。

- 序号字段：占 32 位。序号用来标识从 TCP 源端向 TCP 目标端发送的数据字节流，也就是数据被分成很多包并传送到目的地后，按这个序号进行排列才能得到正确的内容。

- 确认号字段：占 32 位。只有 ACK 标志为 1 时，确认号字段才有效。它表示目标端期望收到源端的下一个数据字节。

- 头部长度字段：占 4 位。它给出头部占 32 位的数目。没有任何选项字段的 TCP 头部长度为 20 字节，其最多可以有 60 字节。

- 保留字段：为 TCP 的扩展预留的字段。

- 标志位字段：占 6 位。标志位中各位的含义如下。

  ➢ URG：紧急指针。URG 为 1 表示紧急指针域有效。

  ➢ ACK：确认序号有效。

  ➢ PSH：接收方收到报文后应该立即将这个报文段交给应用层，而不是在缓冲区中排队。

  ➢ RST：连接报错之后，重建连接，用来复位错误的连接。

> ➢ SYN：发起一个连接。和 ACK 标志位一起使用以完成三次握手的连接。
>
> ➢ FIN：报文传递完毕之后，释放一个连接，表示 TCP 连接终止。

- 窗口大小字段：占 16 位。此字段用来控制流量，单位为字节，这个值是本机期望一次接收的字节数。

- 校验和字段：占 16 位。该字段对整个 TCP 报文段（即 TCP 头部和 TCP 数据）进行校验和计算，并由目标端进行验证。

- 紧急指针字段：占 16 位。它是一个偏移量，与序号字段中的值相加表示紧急数据中最后一个字节的序号。

- 可选项字段：占 32 位。该字段可能包括"窗口扩大因子""时间戳"等选项。

1.2.4 TCP 中的 3 次握手和 4 次挥手

建立 TCP 连接需要 3 次握手，而断开 TCP 连接则需要 4 次挥手。

3 次握手的过程如图 1-11 所示。

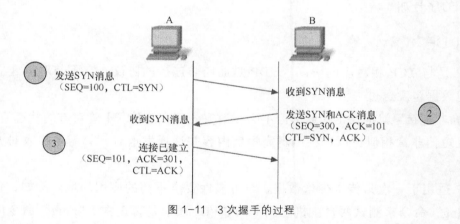

图 1-11 3 次握手的过程

- 第 1 次握手：客户端发送一个 TCP 的 SYN 标志位置 1 的包以指明客户打算连接的服务器端口，以及初始序号 X，X 保存在包头的序号字段里。

- 第 2 次握手：服务器返回确认包的应答。SYN 标志位和 ACK 标志位均为 1。

- 第 3 次握手：客户端再次发送确认包，这时 SYN 标志位为 0，ACK 标志位为 1。同时，把服务器发来的 ACK 序号字段加 1，并放在确认号字段中发送给对方。

断开 TCP 连接时要 4 次挥手，如图 1-12 所示。

- 第 1 次挥手：客户端 A 发送一个 FIN 消息以停止从客户端 A 到服务器 B 的数据传送。

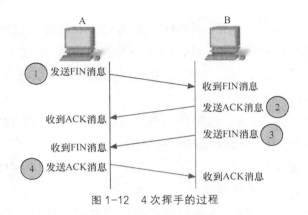

图 1-12 4 次挥手的过程

- 第 2 次挥手：服务器 B 收到这个 FIN 消息后，返回一个 ACK 消息，确认序号为收到的序号加 1。同 SYN 一样，一个 FIN 消息将占用一个序号。
- 第 3 次挥手：服务器 B 断开与客户端 A 的连接，发送一个 FIN 消息给客户端 A。
- 第 4 次挥手：客户端 A 返回 ACK 报文以进行确认，并将确认序号设置为收到的序号加 1。

1.2.5 UDP

UDP 是与 TCP 相对应的协议。UDP 是面向非连接的协议，它不与对方建立连接，而直接把数据包发送过去。

"面向非连接"就是在正式通信前不必与对方先建立连接，不管对方的状态直接发送。这与手机短信非常相似，用户在编辑完短信内容并选择发送时，只需要输入对方手机号就可以了。

UDP 适用于一次只传送少量数据、对可靠性要求不高的应用环境。例如，我们经常使用"ping"命令来测试两台主机之间的 TCP/IP 通信是否正常。"ping"命令的原理就是向对方主机发送 UDP 数据包，然后等待对方主机确认收到数据包。如果询问数据包是否到达的消息及时反馈回来，那么网络就是接通的。QQ 软件就是使用 UDP 发送消息的，因此有时会出现收不到消息的情况。

TCP 和 UDP 的差异如下。

- TCP 是可靠的，所有传送来的数据必须都正确才能接收。
- UDP 是不可靠的。在打开网页时，如果在数据传输过程中使用了 UDP，就可能造成网页内容的显示顺序不一致，而且有可能导致网页的某个部分无法完整显示。

当然，UDP 也有其优势，那就是传输速度快。因此，UDP 经常用于实时传送，如网络电视。如果网络较差，那么不会因为丢失一个包而一直等待，它会继续往下执行收发工作，中间缺少的包可以通过差值的方式近似计算出来。

1.2.6　IP

IP 可将多个包交换网络连接起来，它不仅在源地址和目的地址之间传送数据包，还对数据重新组装，以适应不同网络对包大小的要求。

IP 头的组成如图 1-13 所示。

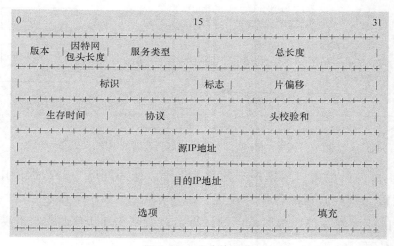

图 1-13　IP 头的组成

下面介绍 IP 协议头中的几个重要组成部分。

- 版本（version）：指定 IP 的版本号。因为目前仍主要使用 IPv4 版本，所以这里的值通常是 0x4（注意，封包使用的数字通常是十六进制数）。该字段占 4 位。
- 因特网包头长度（Internet Header Length，IHL）：指明 IPv4 包头长度的字节数。IPv4 包头的最短长度是 20 字节，最大长度为 24 字节。
- 总长度（Total Length，TL）：在 IP 包头格式中指定 IP 包的总长度，通常以字节（B）作为单位来表示包的总长度。此数值包括包头和数据的总和。
- 生存时间（Time To Live，TTL）：设置了数据包最多可以经过的路由器数量，它表示数据包在网络上生存了多久。
- 源 IP 地址（source address）：表示发送 IP 数据包的 IP 地址。该字段占 32 位。

● 目的 IP 地址（destination address）：表示接收 IP 数据包的 IP 地址。该字段同样占 32 位。

上面介绍的是 TCP 头部和 IP 头部的内容，读者一定想知道头部信息和数据的具体差别。现在可以通过图 1-14 进行说明。

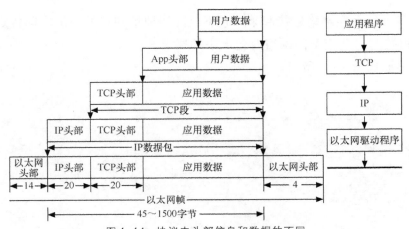

图 1-14　协议中头部信息和数据的不同

从图 1-14 可以看出用户数据报文的封装过程。应用程序中的数据使用 TCP 进行传输，用户数据被切割成合适的数据片段后，加上 IP 的头部字节形成 IP 数据包，然后加上数据链路层的以太网头部成为以太网帧，再由以太网驱动程序将帧转化为二进制位流，在物理层进行传送。

1.2.7　HTTP

超文本传输协议（HyperText Transfer Protocol，HTTP）是 Web 联网的基础，也是手机联网常用的协议之一。

从图 1-15 可以看出相关协议和 OSI 参考模型的关系。

从图 1-15 中还可以看出，HTTP 是一个应用层协议，也就是传输层的上一层协议。HTTP 只定义传输的内容，不定义传输方式（这是底层协议做的事情），因此，要想理解 HTTP，只需要理解协议的数据结构及其意义。

HTTP 是一种请求-应答式协议。其显著特点是客户端发送的每个请求都需要服务器返回响应，而且在请求结束后，它会主动释放连接。从建立连接到关闭连接的过程称为"一次连接"。

下面比较 HTTP 1.0 和 HTTP 1.1 之间的差异。

- 在 HTTP 1.0 中，对客户端的每个请求都要建立一次单独的连接，在处理完请求后，自动释放连接。
- 在 HTTP 1.1 中则可以在一次连接中处理多个请求，并且多个请求可以重叠执行，不需要等待一个请求结束后再发送下一个请求。

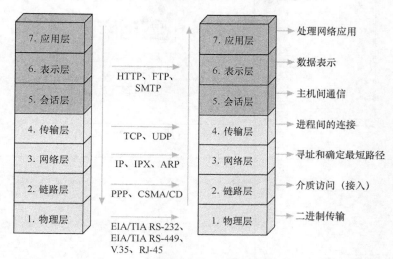

图 1-15 相关协议和 OSI 参考模型的关系

由于 HTTP 在每次请求结束后都会主动释放连接，因此 HTTP 连接是一种"短连接"。要保持客户端程序处于在线状态，需要不断向服务器发起连接请求。通常的做法是即使不需要获取数据，客户端也每隔一段固定时间向服务器发送一次"保持连接"的请求，服务器在收到该请求后对客户端进行回复，以表明知道客户端"在线"。若服务器长时间未收到客户端的请求，则认为客户端已"下线"。若客户端长时间无法收到服务器的回复，则认为网络已经断开。

1. HttpWatch 的抓包方法

为了更好地理解 HTTP 请求和响应，可以使用 HttpWatch 工具抓取一些数据包。下面介绍 HttpWatch 的抓包方法。

（1）安装完 HttpWatch 后，从菜单栏选择"工具"→"浏览器栏"→HttpWatch Professional，打开 HttpWatch，如图 1-16 所示。

（2）单击工具栏上的 Record 按钮，如图 1-17 所示。

（3）在浏览器的地址栏中输入 http://172.21.200.189/oscommerce/index.php（也可以是任意可访问的地址，这里只是作为示范）。

图 1-16　HttpWatch 的打开方式

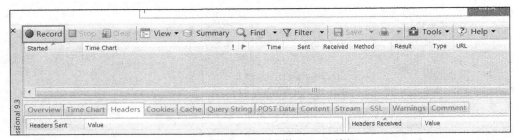

图 1-17　单击工具栏上的 Record 按钮

（4）按 Enter 键进行访问，可以发现 HttpWatch 已经开始抓包了。待页面打开后，单击 Stop 按钮，如图 1-18 所示。

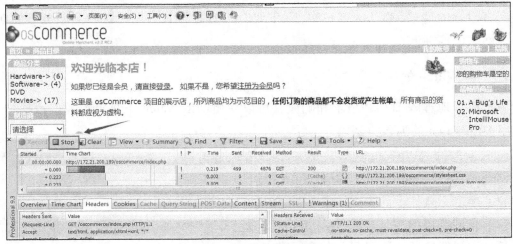

图 1-18　单击 Stop 按钮

（5）选择任意一条录制的信息，单击下方的 Headers 选项卡，查看里面是否有内容。如果有内容，那么说明录制、抓取成功，如图 1-19 所示。

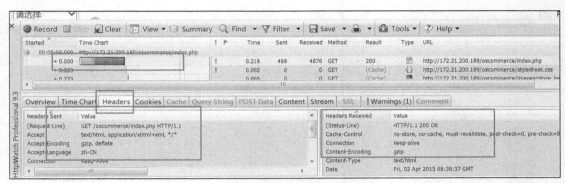

图 1-19　录制、抓取成功

2. HTTP 请求

在 HTTP 常用的请求类型中，GET 请求和 POST 请求较重要。这两种请求代表了客户端和服务器之间传输数据的典型方式，它们在 Web 系统的开发和测试中非常重要。无论是哪种请求，都是由头部和正文两部分组成的，但 GET 请求的正文为空，POST 请求的正文为提交给服务器端的数据。

1）GET 请求

GET 请求是指客户端发送一个请求给服务器，目的是从服务器端获取资源。例如，当我们访问一个网站时，输入相应网址并按 Enter 键后，便发送了一个 GET 请求给服务器端，请求服务器端返回该网站首页的 HTML 代码。事实上，通过工具监控，可以了解图 1-20 所示的请求过程。

图 1-20　请求过程

当访问前面提到的 http://172.21.200.189/oscommerce/index.php 时，发送了多个 GET 请求，原因在于构成该网站首页的资源除了 HTML 代码外，还包括很多图片、动画、JavaScript 脚本和 CSS 格式化文件。在 HTTP 中，一个请求只能对应一个特定的资源，而不能对应整个页面，这一点首先需要了解。

不妨先使用 HttpWatch 工具来监控访问该网站首页时的请求过程，监控结果如图 1-21 所示。切换到 Stream 选项卡，根据需要，可以单击 Export 按钮将结果导出。

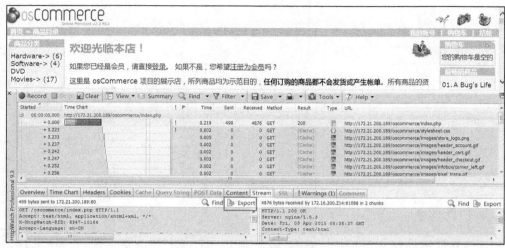

图 1-21　监控结果及结果导出操作

分别单击两个 Export 按钮，导出两个 txt 文件——index.php.request 和 index.php. response。打开 txt 文件 index.php.request，如图 1-22 所示。

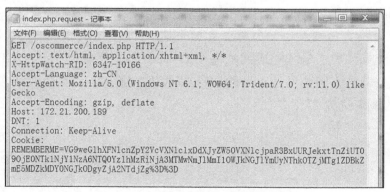

图 1-22　打开 index.php.request 文件

其中，GET /oscommerce/index.php HTTP/1.1 指明了 3 个关键信息：请求类型为 GET，资源 URL 为/oscommerce/index.php，协议类型和版本为 HTTP/1.1。

标准 GET 请求包含的关键字段如下所示。

● Accept：告诉服务器当前浏览器能接受和处理的介质类型，"*/*"表示可接受所有类型。

- Accept-Language：告诉服务器当前浏览器能接受和处理的语言。zh-CN 表示浏览器接受中文。还有其他很多能接受和处理的语言，如 en-US（英文）。
- User-Agent：告诉服务器当前客户端的操作系统和浏览器的内核版本信息。
- Accept-Encoding：告诉服务器端当前客户端支持的编码格式，如 gzip，这样服务器端可以将 HTML、JavaScript 或 CSS 文本型资源压缩后再传递给浏览器，浏览器接收到它们后再解压缩，从而显著减少资源占用的带宽和网络上的传输时间。
- Host：表示要访问的服务器端主机名或 IP 地址。
- Connection：告诉服务器浏览器想要使用连接方式，如 Keep-Alive，告诉服务器在完成本次请求的响应后，保持该 TCP 连接，不释放，以等待本次连接的后续请求。这样可以减少打开及关闭 TCP 连接的次数，提升处理性能。另外，可选的选项还有 Close，它表明在接收响应后将直接关闭连接。
- Referer：指定发起该请求的源地址。根据这个值，服务器可以跟踪到来访者的基本信息。例如，在百度首页中搜索 51Testing 关键字，然后在搜索结果中访问 51Testing 网站，这时 51Testing 服务器就可以根据 Referer 这一值追踪到来访者的地址为 http://www.baidu.com/s?wd=51Testing，这样我们就可以知道来访者是从哪个网站访问本网站的。如果是从搜索引擎访问的，那么还可以知道是从哪个搜索引擎访问的，以及搜索的关键字，如图 1-23 所示。

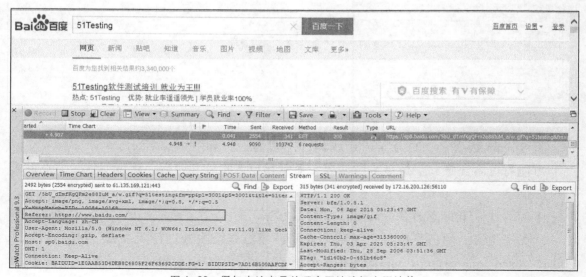

图 1-23　得知来访者是从哪个网站访问本网站的

注意：如果来访者的 Referer 为空，那么只有两种可能。一种是来访者修改了 GET 请求，删除了 Referer 字段的值；另一种就是来访者直接在 URL 栏输入了该地址，这种用户是忠诚度较高的用户，因为起码他们记得该网站的域名。

- Cookie：将客户端的 Cookie 信息发送给服务器端。关于 Cookie 的作用及详细用法，将在后续章节中介绍。

2）POST 请求

POST 请求与 GET 请求最大的区别就在于，GET 请求主要负责数据的获取，而 POST 请求主要负责数据的提交，并且把所有提交的数据放在请求的正文中。

在访问 http://172.21.200.189/oscommerce/index.php 网站时，输入用户名和密码并单击"登录"按钮后，就能看到 POST 的信息，如图 1-24 所示。

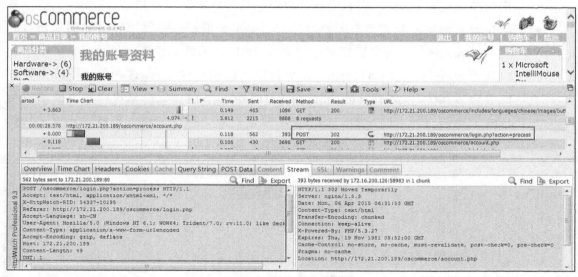

图 1-24　关于 POST 的信息

将 Stream 选项卡中的内容导出为 txt 文件并打开，如图 1-25 所示。

可能有读者注意到了最后一行内容，显示用户的账号和密码，这说明这个站点的安全性较低。

下面对比一下百度的登录信息，如图 1-26 所示。

从关于 POST 的信息中可以看到，百度已经对登录账号进行了加密。http://172.21.200.189/oscommerce/index.php 网站在这方面存在很大的安全隐患。

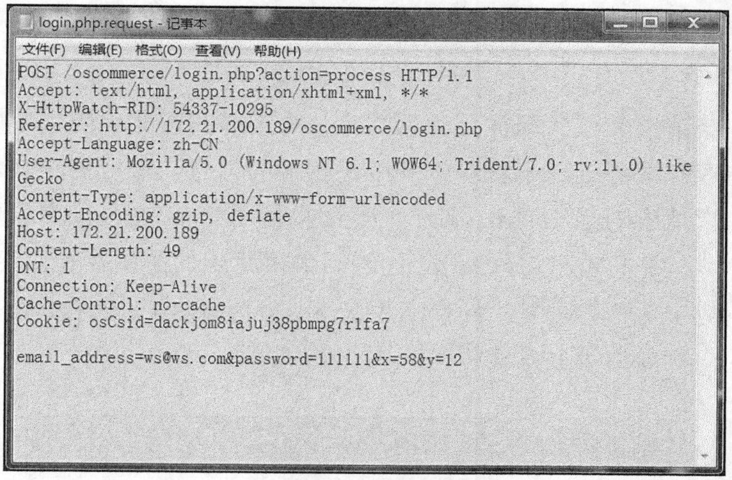

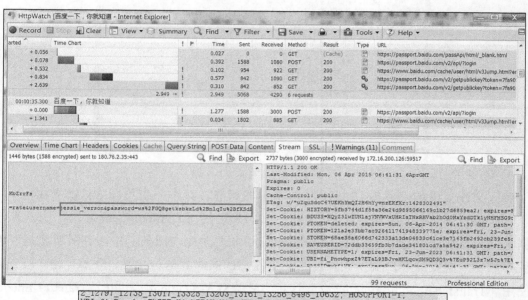

图 1-25　导出的内容

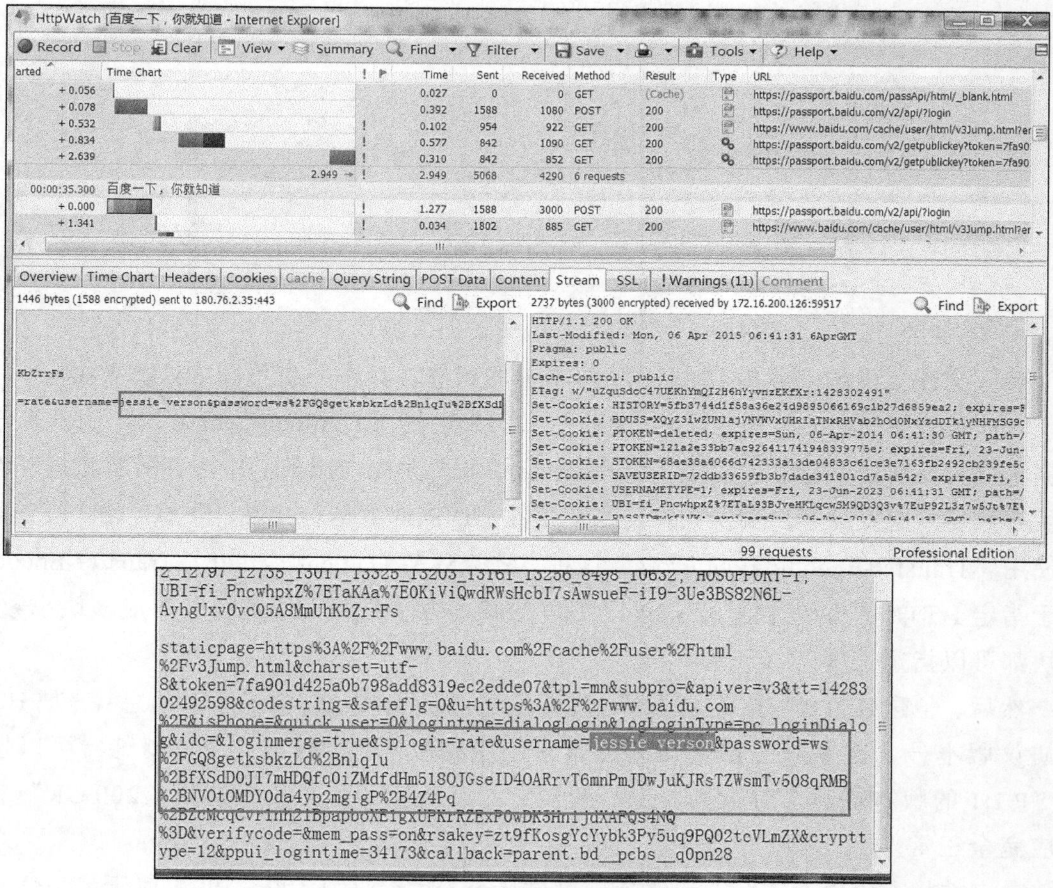

图 1-26　百度的登录信息

3．HTTP 响应

HTTP 响应与请求类似，同样分为两部分——头部和正文。响应中的头部主要是由服务器端返回给客户端的，用于获取一些服务器端的信息。响应的正文就是请求的各类资源的内容。如果请求的是 HTML 文件，则正文是 HTML 文件的源代码；如果请求的是 JavaScript 文件，则正文是 JavaScript 代码；如果请求的是图片，则正文就是该图片。

先来看看响应中头部的内容。同样切换到 Stream 选项卡，查看窗口右边的内容，这里需要把响应的内容导出为文本文件，如图 1-27 所示。

图 1-27　响应文件的内容

响应文件里面的字段内容和 GET 请求中的相似，其中一个不同之处需要解释。

"Transfer-Encoding: chunked" 表示在 HTTP 中使用 Content-Length 这个头部来告知数据长度。在数据下行的过程中，Content-Length 要预先在服务器中缓存所有数据，然后把所有数据一起发给客户端。如果要在产生数据的同时发给客户端，那么 Web 服务器就要使用 "Transfer-Encoding: chunked" 这种方式来代替 Content-Length。Transfer-Encoding 用于指定 HTTP 的编码方式，chunked 编码的基本方法是将大块数据分解成多块小数据，每块都可以指定长度。

然后，查看 HTTP 响应的状态码。在响应的第一行中，包含了两个信息：一是 HTTP 的协议版本号，这里服务器告知浏览器它使用的版本是 HTTP 1.1，浏览器可以按照 HTTP 1.1 的版本规则来对服务器进行解析；二是响应的状态码，这里 "200 OK" 表示响应完全正常。

响应的状态码由 5 类状态码组成，其中 1xx（状态码为 100～199）属于参考信息，

2xx 指明成功接受请求并已完成整个处理过程，3xx 用于重定向，4xx 指出客户端错误，5xx 则表示服务器端错误，具体见表 1-1～表 1-5。

表 1-1　状态码 1xx

消　息	描　述
100 Continue	服务器仅接受部分请求，一旦服务器没有拒绝该请求，则客户端应继续发送其余的请求
101 Switching Protocols	服务器将客户的请求转换为另外一种协议

表 1-2　状态码 2xx

消　息	描　述
200 OK	请求成功（其后是 GET 和 POST 请求的响应文档）
201 Created	请求创建完成，同时创建新的资源
202 Accepted	供处理的请求已被接受，但是处理未完成
203 Non-authoritative Information	文档已经正常返回，但一些响应头可能不正确，因为使用的是文档的副本
204 No Content	没有新文档，浏览器应该继续显示原文档。如果用户定期刷新页面，而 Servlet 可以确定用户文档足够新，那么这个状态代码是很有用的
205 Reset Content	没有新文档，浏览器应该重置它所显示的内容以强制浏览器清除表单中的输入内容
206 Partial Content	客户发送了一个带 Range 头的 GET 请求，服务器完成了它

表 1-3　状态码 3xx

消　息	描　述
300 Multiple Choices	表示多重选择，用户可以选择某链接到达的目的地，最多允许 5 个地址
301 Moved Permanently	所请求的页面已经永久转移至新的 URL
302 Found	所请求的页面已经临时转移至新的 URL
303 See Other	所请求的页面可在别的 URL 下被找到
304 Not Modified	未按预期修改文档。客户端有缓冲文档并发出了一个有条件的请求（一般提供 If-Modified-Since 头以表示客户端只想按指定日期更新文档）。服务器端告知客户端，原来缓冲的文档还可以继续使用
305 Use Proxy	客户端请求的文档应该通过 Location 头指明的代理服务器来提取
306 *Unused*	用于前一版本的 HTTP 中，目前已不再使用，但是代码中依然保留
307 Temporary Redirect	被请求的页面已经临时移至新的 URL

表 1-4　状态码 4xx

消　　息	描　　述
400 Bad Request	服务器未能理解请求
401 Unauthorized	被请求的页面需要用户名和密码
401.1	登录失败
401.2	服务器的配置导致登录失败
401.3	由于 ACL 对资源的限制，因此未获得授权
401.4	筛选器授权失败
401.5	ISAPI/CGI 应用程序授权失败
401.7	访问被 Web 服务器上的 URL 授权策略拒绝。这个错误编码为 IIS 6.0 所专用
402 Payment Required	尚无法使用
403 Forbidden	访问请求的页面被禁止
403.1	执行访问被禁止
403.2	读访问被禁止
403.3	写访问被禁止
403.4	要求 SSL
403.5	要求 SSL 128
403.6	IP 地址被拒绝
403.7	要求有客户端证书
403.8	站点访问被拒绝
403.9	用户数过多
403.10	配置无效
403.11	密码更改
403.12	拒绝访问映射表
403.13	客户端证书被吊销
403.14	拒绝目录列表
403.15	超出客户端访问许可
403.16	客户端证书不受信任或无效
403.17	客户端证书已过期或尚未生效
403.18	在当前的应用程序池中不能执行所请求的 URL。这个错误编码为 IIS 6.0 所专用
403.19	不能为这个应用程序池中的客户端执行 CGI。这个错误编码为 IIS 6.0 所专用
403.20	Passport 登录失败。这个错误编码为 IIS 6.0 所专用
404 Not Found	服务器无法找到被请求的页面
404.0	没有找到文件或目录

续表

消　息	描　述
404.1	无法在所请求的端口上访问 Web 站点
404.2	Web 服务扩展锁定策略阻止本请求
404.3	MIME 映射策略阻止本请求
405 Method Not Allowed	不允许请求中指定的方法
406 Not Acceptable	服务器端生成的响应无法被客户端所接受
407 Proxy Authentication Required	用户必须首先使用代理服务器进行验证，这样请求才会被处理
408 Request Timeout	请求超出了服务器的等待时间
409 Conflict	由于冲突，因此请求无法完成
410 Gone	被请求的页面不可用
411 Length Required	"Content-Length" 未定义。如果无此内容，那么服务器不会接受请求
412 Precondition Failed	请求中的前提条件被服务器评估为失败
413 Request Entity Too Large	由于所请求的实体太大，因此服务器不接受请求
414 Request-url Too Long	由于 URL 太长，因此服务器不会接受请求。当把 POST 请求转换为带有很长查询信息的 GET 请求时，会发生这种情况
415 Unsupported Media Type	由于媒介类型不被支持，因此服务器不会接受请求
416 Requested Range Not Satisfiable	服务器不能满足客户在请求中指定的 Range 头
417 Expectation Failed	执行失败
423	锁定的错误

表 1-5　状态码 5xx

消　息	描　述
500 Internal Server Error	请求未完成。服务器遇到不可预知的情况
500.12	应用程序忙于在 Web 服务器上重新启动
500.13	Web 服务器太忙
500.15	不允许直接请求 Global.asa
500.16	UNC 授权凭据不正确。这个错误编码为 IIS 6.0 所专用
500.18	URL 授权存储不能打开。这个错误编码为 IIS 6.0 所专用
500.100	内部 ASP 错误
501 Not Implemented	请求未完成。服务器不支持所请求的功能
502 Bad Gateway	请求未完成。服务器从上游服务器收到一个无效的响应
502.1	CGI 应用程序超时

续表

消　息	描　述
502.2	CGI 应用程序出错
503 Service Unavailable	请求未完成。服务器临时过载或"死机"
504 Gateway Timeout	网关超时
505 HTTP Version Not Supported	服务器不支持请求中指明的 HTTP 版本

4. 会话与 Cookie

由于 HTTP 属于无状态协议，因此这也就意味着服务器无法记住客户端的各种状态。当服务器记不住状态时会发生什么事情呢？不妨以系统登录功能为例来说明记不住客户端状态时的状况。客户端与服务器端都是在需要时才建立连接的，而一旦不需要连接或者达到超时时间，连接将自动断开。因为 HTTP 无法保存客户端状态，所以服务器将无法知道某个客户端是否已经登录。此时，服务器会提醒客户端需要登录才能做某件事情，如在论坛中需要登录才可以发帖和回帖。在无状态时服务器将会一直提醒客户端要先登录。当登录成功并试图发帖时，服务器又会继续提醒我们需要先登录。可以想象，如果真是这样，我们将什么也做不了，每次都在做一件事情：输入用户名和密码以登录。很显然，这样的 HTTP 没有任何实用价值，那么如何解决这个问题呢？答案就是使用会话和 Cookie。

会话和 Cookie 的实质是相同的，差别主要表现在，会话保存在服务器端，而 Cookie 保存在客户端，可以认为会话是 Cookie 的一种特殊形式，如图 1-28 所示。

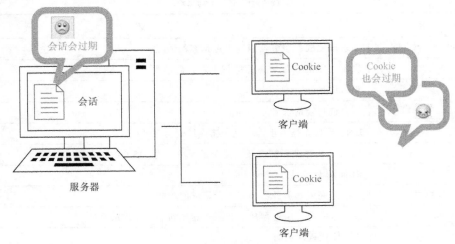

图 1-28　会话和 Cookie

1）Cookie 简介

Cookie 就是服务器暂存在用户计算机上的一些信息，目的是让服务器辨认出用户的计算机。

当用户在浏览网站的时候，Web 服务器会先将一小段信息发送到用户的计算机，这一小段信息就是 Cookie，它会把用户在网站上输入的文字、一些选择或操作步骤都记录下来。当该用户再次浏览同一个网站中不同的网页时，Web 服务器会先看看它的网页中有没有上次留下的 Cookie 资料。若有的话，则就会依据 Cookie 里的内容来判断使用者，返回特定的网页内容给用户。

在保持用户信息和维护浏览器状态方面，Cookie 是一种不错的方法。Cookie 也可以保存用户的登录信息，如用户名和密码。每一个网页都可以使用保存在 Cookie 中的用户名和密码，从而避免了在每个页面中都必须输入用户名和密码，这也正是状态管理的关键。

当然，也可以使浏览器拒绝存放 Cookie 到用户的计算机。首先，在 IE 的菜单栏上依次选择"工具"→"Internet 选项"命令，在打开的"Internet 选项"对话框中选择"隐私"选项卡，移动滑块就可以设置是否关闭 Cookie（见图 1-29），设置后重新启动浏览器即可生效。

当用户关闭 Cookie 之后，很多网站的个性化服务功能很可能也不能再使用了，因此应该仔细考虑是否关闭这个功能。对于应用 Cookie 的应用程序来说，在应用时检测浏览器是否支持 Cookie 是必需的工作。

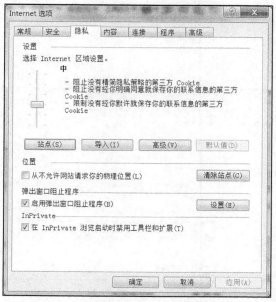

图 1-29 移动滑块，设置是否关闭 Cookie

在 Windows 操作系统中，IE 浏览器将 Cookie 信息存放在 Temporary Internet Files 文件夹中。

在 IE 的菜单栏中依次选择"工具"→"Internet 选项"命令，在打开的"Internet 选项"对话框中选择"常规"选项卡。单击"设置"按钮，在打开的"网站数据设置"对话框中单击"查看文件"按钮（见图 1-30（a）），就可以打开"Temporary Internet Files"文件夹。在打开的文件夹中，可以看到很多以"cookie:"开头的文件，这些便是存放 Cookie 的文件，如图 1-30（b）所示。它们实际存放的位置目录（user name 是用户的登录名）是 C:\AppData\Local\Microsoft\Windows\Temporary Internet Files。

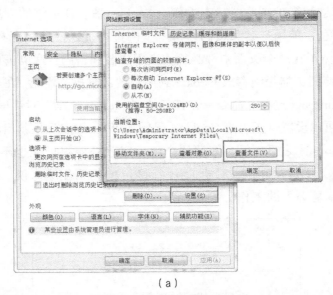

（a）

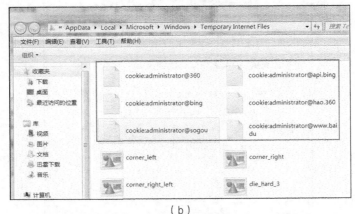

（b）

图 1-30　存放 Cookie 的文件

Cookie 文件是文本文件，双击 Cookie 文件，默认会使用"记事本"程序打开它。

用户可以直接删除这些 Cookie 文件或者利用"Internet 选项"对话框中的"删除"按钮来清除 Cookie。

2）会话简介

会话即客户端与服务器端的会话。当访问者浏览网站的时候，一个会话就开始了，当他离开的时候，会话就结束了。

当访问者浏览网站的时候，网站服务器会给该访问者一个 ID，当他离开的时候（也就是关闭浏览器的时候），删除这个 ID。

从本质上来说，Cookie 和客户端浏览器是有关系的，而会话变量可以将一些变量存放在服务器中。

会话针对的是某个用户的浏览器以及通过当前浏览器窗口打开的任何窗口，它是存储特定用户信息的机制。

而 Cookie 则没有这样强的针对性，它可以在客户端存放很长时间（只要用户愿意），关闭浏览器后，再次启动浏览器还可以使用它。

因为会话的标识是通过 Cookie 来传递的，但是又不保存 Cookie，所以会话有时也称为不保存的 Cookie 或者临时 Cookie。

类似地，会话也由服务器端生成，并将相应变量保存在服务器端。同时会为访问该服务器端的客户端生成一个会话 ID，该会话 ID 有点类似于服务器端为客户端分配的一个身份标识。会话 ID 将通过响应的方式传递给客户端（在响应的 Set-Cookie 字段中），客户端一旦接收到了某个会话 ID，那么在后续的请求中将该会话 ID 值包含在 Cookie 字段中并回传给服务器端，这样服务器端就可以对客户端的身份进行验证了，如图 1-31 所示。

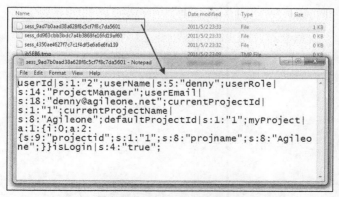

图 1-31　服务器端可以对客户端的身份进行验证

5. HttpWatch 的功能介绍

前面已经介绍了 HttpWatch 中 Stream 选项卡的内容，下面将会介绍一些功能和其他几个重要页面的含义。

1）缓存清空

浏览器默认是支持缓存的。如果在登录之前没有清空缓存，那么某次访问可能直接从浏览器缓存中读取，而不会真正地将请求发送给服务器，这样就不会录制任何数据包。在这种情况下，在 HttpWatch 主界面中依次选择菜单栏中的 Tools→Clear Cache and All Cookies，可以将所有缓存和 Cookie 数据清空，如图 1-32 所示。

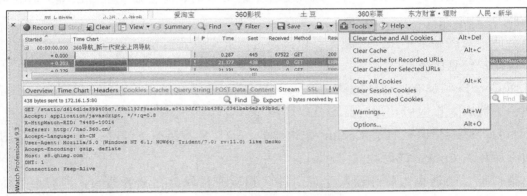

图 1-32　将所有缓存和 Cookie 数据清空

2）Overview 选项卡

这里仍以访问 http://172.21.200.189/oscommerce/index.php 站点为例进行说明，录制的内容如图 1-33 所示。

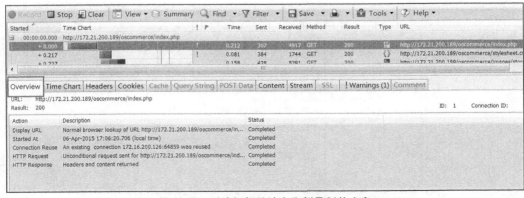

图 1-33　以访问相关站点为例录制的内容

Overview 选项卡中各个字段的含义见表 1-6。

表 1-6　Overview 选项卡中各个字段的含义

字　　段	含　　义
Display URL	请求的地址为 http://172.21.200.189/oscommerce/index.php
Started At	发送请求的时刻，它为本地时间
Connection Reuse	与服务器建立连接，本地连接的地址和端口为 "172.16.200.126:64859"
HTTP Request	通过浏览器发出的请求，这里请求的是 http://172.21.200.189/oscommerce/index.php
HTTP Response	服务器返回的头和内容信息

3）Time Chart 选项卡

Time Chart 选项卡以直观的线条显示了各部分的耗时情况，其中左侧窗口显示了对应 URL 的总体耗时情况，右侧窗口针对左侧窗口给出了 Blocked（阻塞）、Send（发送请求）、Wait（等待服务器响应）、Receive（接收响应）、TTFB（Time To First Byte，首字节返回）和 Network（网络）的耗时情况，如图 1-34 所示。

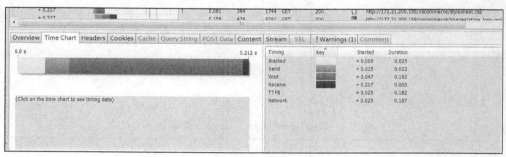

图 1-34　耗时情况

图 1-34 中 Timing 列中各字段的含义见表 1-7。

表 1-7　Timing 列中各字段的含义

字　　段	含　　义
Blocked	包括任何预处理时间（如缓存查找）和等待网络连接可用的时间。在每个主机名下最多只创建两个当前的网络连接，而且请求要排队，直到网络连接可用
Send	发送 HTTP 请求到服务器所需的时间
Wait	等待从服务器得到响应消息的时间。这个值包括网络延迟和请求 Web 服务器所需的时间

续表

字　　段	含　　义
Receive	客户端接收从服务器端读取的响应消息的时间。这个值取决于返回内容的大小、网络带宽和是否使用了 HTTP 压缩等
TTFB	从浏览器发出请求到服务器返回第一个字节所耗费的时间。它包括 TCP 连接时间、发送请求的时间和接收第一个字节的响应时间
Network	一个 HTTP 请求在网络传输上耗费的时间

4）Headers 选项卡

Headers 选项卡中列出了发送请求头和返回请求头的相关内容，如图 1-35 所示。

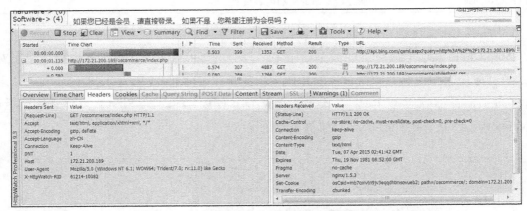

图 1-35　发送请求头和返回请求头的相关内容

图 1-35 中 Headers Sent 列中部分字段的含义见表 1-8。

表 1-8　Headers Sent 列中部分字段的含义

字　　段	含　　义
（Request-Line）	其值中的 "GET" 代表请求方法，"HTTP/1.1" 代表协议及其版本
Accept	指定客户端可接受哪些类型的信息。例如，若 Accept 的值为 text/html，则表明客户端希望接受 HTML 文本
Accept-Encoding	类似于 Accept，但 Accept-Encoding 用于指定可接受的内容编码。例如，Accept-Encoding 设置为 "gzip，deflate"。如果请求消息中没有设置这个字段，那么服务器端假定客户端接受各种内容编码
Accept-Language	类似于 Accept，但 Accept-Language 用于指定一种自然语言。例如，Accept-Language 设置为 zh-CN。如果请求消息中没有设置这个字段，那么服务器端假定客户端接受各种语言
Connection	连接类型，默认为 Keep-Alive（长连接）。如果不希望使用长连接，则需要在头中设置 Connection 的值为 Close

字　段	含　义
Host	主要用于指定被请求资源的网络主机和端口号。它通常从 HTTP URL 中提取出来，在浏览器中输入。浏览器发送的请求消息中包含 Host 字段，例如，Host 设置为 bbs.51Testing.com:*n*。此处使用默认端口号 80。若指定了端口号为 8080，则 Host 设置为 bbs.51Testing.com:8080
User-Agent	允许客户端将它的操作系统、浏览器和其他属性告诉服务器
DNT	表示"禁止追踪"（Do Not Track），其有 3 个值：1 代表用户不想被第三方网站追踪，0 代表接受追踪，null 代表用户不置可否

图 1-35 中 Headers Received 列中部分字段的含义见表 1-9。

表 1-9　Headers Received 列中部分字段的含义

字　段	含　义
（Status-Line）	"HTTP/1.1"代表协议及其版本，200 为 HTTP 响应码，表示成功
Cache-Control	指定请求和响应遵循的缓存机制。在请求消息或响应消息中设置 Cache-Control 并不会修改另一个消息处理过程中的缓存处理过程。请求时的缓存指令包括 no-cache、no-store、max-age、max-stale、min-fresh 和 only-if-cached，响应消息中的指令包括 public、private、no-cache、no-store、no-transform、must-revalidate、proxy-revalidate 和 max-age。各个消息中指令的含义如下。 ● public 表示响应可被任何缓冲区所缓存 ● private 表示单个用户的整个或部分响应消息不能被共享缓存处理。这允许服务器仅仅描述当前用户的部分响应消息，此响应消息对于其他用户请求无效 ● no-cache 表示请求或响应消息不能缓存 ● no-store 用于防止重要的信息被无意发布。在请求消息中发送将使请求和响应消息都不使用缓存 ● max-age 表示客户端可以接受生存期不长于指定时间（以秒为单位）的响应 ● min-fresh 表示客户端可以接受响应时间短于当前时间加上指定时间的响应 ● max-stale 表示客户端可以接受超过超时时间的响应消息。如果指定了 max-stale 消息的值，那么客户端可以接受超过超时时间指定值之内的响应消息
Connection	连接类型，默认为 Keep-Alive（长连接）。如果不希望使用长连接，则需要在头中指明 Connection 的值为 Close
Content-Encoding	类似于 Accept，但它用于指定可接受的内容编码，如"Accept-Encoding:gzip,deflate"。如果请求消息中没有设置这个字段，则假定客户端接受各种内容编码
Content-Type	让浏览器知道接收到的信息中哪些是 MP3 文件，哪些是 JPEG 文件。当服务器把输出结果传送到浏览器时，浏览器必须启动适当的应用程序来处理这个输出文档
Date	表示消息发送的时间，时间的描述格式由 RFC822 来定义，如"Thu, 15 Nov 2012 05:56:32 GMT"。Date 描述的时间为世界标准时间
Expires	Expires 字段需要和 Last-Modified 一起使用，用于控制请求文件的有效时间。当请求数据在有效期时，客户端浏览器从缓存中请求数据而不是从服务器端。当缓存中的数据失效或过期时，才从服务器端更新数据

续表

字　段	含　义
Server	指示服务器的类型
Transfer-Encoding	HTTP 中使用 Content-Length 这个头来告知数据长度。在数据下行的过程中，Content-Length 要预先在服务器中缓存所有数据，然后把所有数据一起发给客户端。如果要在产生数据的同时发给客户端，Web 服务器就需要使用 "Transfer-Encoding: chunked" 这种方式来代替 Content-Length
	chunked 是一种 HTTP 的编码方式。chunked 编码的基本方法是将大块数据分解成多块小数据，每块都可以自行指定长度

1.2.8　HTTPS

HTTP 是以明文来传输数据的，如果使用 HTTP 传输隐私信息（如银行账号和密码），那么这是非常不安全的。为了保证隐私数据的安全传输，就必须用 SSL/TLS 协议对 HTTP 传输的数据进行加密，从而诞生了 HTTPS。简单来讲，HTTPS 就是 HTTP 的安全版。

安全超文本传输协议（Hyper Text Transfer Protocol Secure，HTTPS）的实现方式是在 HTTP 下加入安全套字节层（Secure Socket Layer，SSL），HTTPS 的安全基础是 SSL，因此加密详细内容时需要 SSL。SSL 协议是由 Netscape 开发并集成到浏览器中的。但由于其本身存在安全漏洞，因此在 3.0 版本以后，SSL 被升级成传输层安全（Transport Layer Security，TLS）。现在广泛使用的 TLS 和原来的 SSL 一样，用在传输层和应用层之间的一层。

1. HTTP 和 HTTPS 的区别

HTTP 和 HTTPS 的区别如表 1-10 所示。

表 1-10　HTTP 和 HTTPS 的区别

对比的项	HTTP	HTTPS
开头	以 "http://" 开头	以 "https://" 开头
传输方式	不安全的明文传输	安全的加密传输
标准端口	标准端口是 80 端口	标准端口是 443 端口
使用的层	用于应用层	用在传输层和应用层之间的一层
是否可以验证身份	无法验证身份	依赖于 SSL 证书，可验证服务器身份
是否需要证书	不需要证书	需要证书颁发机构（Certificate Authority，CA）颁发的正规 SSL 证书

下面介绍 TLS 的工作模式。前面提到，因为 HTTP 通信是以明文传输的，所以它具有以下三大风险。

- 窃听（eavesdropping）风险：第三方可以窃听（截获）通信内容。

- 篡改（tampering）风险：第三方可以修改通信内容。

- 冒充（pretending）风险：第三方可以冒充他人身份参与通信。

SSL/TLS 就是为了解决上述风险而诞生的，其作用如下。

- 所有信息都是"加密传播"的，第三方无法窃听（截获）。

- 具有"校验机制"，一旦被篡改，则通信双方会立刻发现。

- 配备"身份证书"，防止身份被冒充。

TLS 的简明原理是 HTTP、FTP、Telnet 等应用层协议能透明地创建于 TLS 协议之上。TLS 协议在应用层通信之前就已经完成加密算法、通信密钥的协商以及服务器认证工作。在此之后，应用层协议所传送的数据都会被加密，从而保证通信的私密性。专业的说法就是采用公钥加密法。接下来会重点讲述工作原理。

2. HTTPS 的工作原理

HTTPS 加密的核心原理就是公钥和私钥。公钥加密（public-key cryptography）也称为非对称加密（asymmetric cryptography），是密码学的一种算法。在公钥加密中需要两个密钥：一个是公钥，用于加密；另一个是私钥，用于解密。使用其中一个密钥把明文加密，得到密文，只能使用对应的另一个密钥才能解密得到原来的明文，甚至连最初用来加密的密钥也不能用于解密。由于加密和解密需要两个不同的密钥，因此也称为非对称加密。公钥加密不同于加密和解密都使用同一个密钥的对称加密。虽然两个密钥在数学上相关，但如果仅知道其中一个，并不能计算出另外一个。因此其中一个密钥可以公开（这称为公钥），可向外发布；不公开的密钥为私钥，必须由用户严密保管，绝不能通过任何途径向任何人提供，也不要透露给要通信的另一方，即使他是被信任的。

基于加密的特性，公钥加密还提供数字签名的功能。这使电子文件可以具有如同在纸质文件上亲笔签名的效果。

公钥基础设施信任数字证书认证机构的根证书，并使用公钥加密发布数字签名，形成了信任链架构，在万维网 HTTP 中以 HTTPS 引入，在电子邮件的 SMTP 中以 STARTTLS 引入。

另外，信任网络则采用去中心化的概念，从而取代了依赖数字证书认证机构的公钥基础设施。因为每一张电子证书在信任链中最终只由一个根证书授权信任，信任网络的公钥则可以累积多个用户的信任。

3. 基于 HTTPS 的场景小故事

1）故事的开端

- 角色：客户、银行。
- 事情：客户需要查询自己的账户余额。
- 过程：见图 1-36。

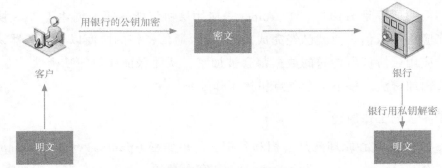

图 1-36　客户通过公钥查询余额

> ➢ 客户端向服务器端申请公钥，然后用公钥加密信息。
> ➢ 服务器端收到加密的信息后，用自己的私钥解密。

- 问题：客户从哪里申请公钥？万一申请到了假的银行公钥怎么办？
- 解决方案：采用数字证书。

> ➢ 意义：因为公钥有被篡改的风险，所以要第三方认证。数字证书是由 CA 颁发的。由权威机构确保证书信息的有效性，并只在特定的时间段内有效。
> ➢ 作用：数字证书包含证书中所标识的实体公钥（客户的公钥）。由于该证书的真实性由颁发机构来保证，因此有了数字证书，可以判断当事人的真伪。

2）故事的进展

客户通过数字证书查询余额的过程如图 1-37 所示。

- 在通信①中客户端发出请求，并附带随机数 x，后续可以生成"对话密钥"。
- 在通信②中服务器也会生成随机数 y，并一起回送数字证书。
- 问题：在通信③中，服务器收到客户端的回应后，怎么证明这就是前面的客户端，而不是"半路杀出来的黑客"？

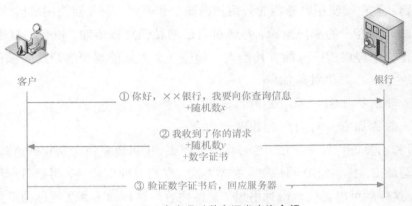

图 1-37　客户通过数字证书查询余额

- 解决方案——使用数字签名。在客户端收到回应②后，客户端会做以下事情。

  ➢ 验证证书的合法性：通过浏览器内置的证书列表进行验证。证书验证通过后，在浏览器的地址栏会加上一个"小锁"图标。

  ➢ 制作哈希握手信息：用通信①中和服务器约定好的哈希方式，制作"握手消息+握手消息哈希值（签名）"并一起发送给服务器端。这就是数字签名的作用——验证握手消息在传输过程中没有被篡改过。

3）故事的进一步进展

验证过身份后，客户端准备开始传输自己的账号和密码，具体加密过程如图 1-38 所示。

图 1-38　客户查询余额前的加密

- 问题：客户端使用服务器的公钥加密账号和密码，服务器使用自己的私钥解密后，可以查询客户的账户余额，并通过自己的私钥加密传输，但是拥有银行公钥的人不止这个客户，还可能有其他人，随便一个人就能解密客户的余额信息吗？
- 解决方案：采用对称加密。
  - ➢ 非对称加密：采用公钥和私钥。
  - ➢ 对称加密：对用户名和密码加密。

例如，甲和乙要进行保密通信。在书写的过程中，甲可以将每个字符的 ASCII 码都加 4，如把字符 A 写成 E，把字符 B 写成 F，依次类推。在乙收到信件后，再把每个字符的 ASCII 码都减去 4，这样就可以正确地得到甲想传递的内容。这种加密算法也称为凯撒算法。

4）故事的尾声

图 1-39 展示了整个流程。

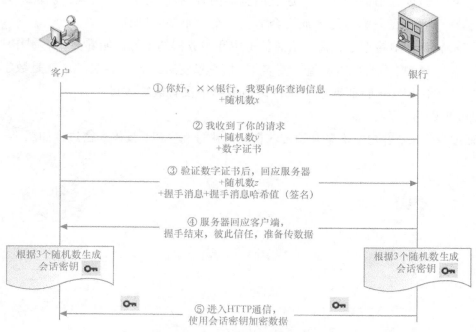

图 1-39　客户查询余额的完整流程

1.3　常见 Web 应用程序——Wireshark 的使用

Wireshark（以前称为 Ethereal）是一个网络数据包分析软件。它的功能是截取网络数据包，并尽可能显示详细的网络数据包数据。Wireshark 使用 WinPcap（Windows Packet capture）作为接口，直接与网卡进行数据报文交换。

1. Wireshark 的安装

Wireshark 的安装过程可采用默认设置，这基本上不会出现错误。在使用前，需要了解一下 WinPcap（打开方式见图 1-40）的作用，了解安装 Wireshark 需要同时安装 WinPcap 的原因。

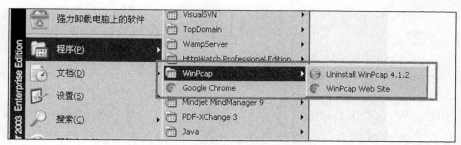

图 1-40　WinPcap 的打开方式

WinPcap 是 Windows 平台下一个免费、公共的网络访问系统。它为 Win32 应用程序提供访问网络底层的能力。也就是说，没有 WinPcap 和 Wireshark 就没有办法抓取底层数据包。

WinPcap 特别适用于下面这几个领域：

- 网络及协议分析；
- 网络监控；
- 通信日志记录；
- Traffic Generators；
- 用户级别的桥路和路由；
- 网络入侵检测系统（Network Intrusion Detection System，NIDS）；
- 网络扫描；
- 安全工具。

2. Wireshark 的基本操作

启动 Wireshark 后，选择左上角的 Interface List 选项，如图 1-41 所示，其中列出了所有的可用接口。

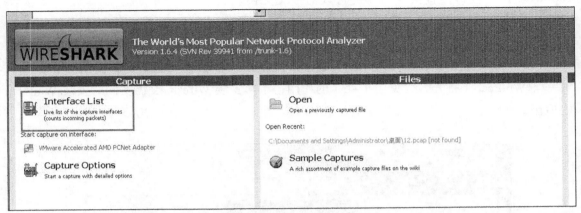

图 1-41　选择 Interface List 选项

在弹出的 "Wireshark:Capture Interfaces" 对话框中，单击 Start 按钮，如图 1-42 所示。如果计算机有多张网卡，就选择启动 Packets 数据在变化的网卡。也可以根据需要选择要跟踪的网卡。

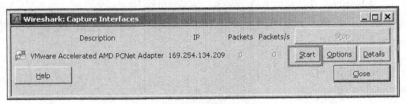

图 1-42　单击 Start 按钮

单击 Start 按钮后，Wireshark 就开始抓包，直到单击 Stop 按钮才停止抓包，如图 1-43 所示。

图 1-43　停止抓包

Wireshark 的界面如图 1-44 所示。

3. Wireshark 的过滤规则

由于 Wireshark 抓取的包有大量冗余信息，以致很难找到用户需要的部分，因此必须通过过滤来得到用户想要的包。

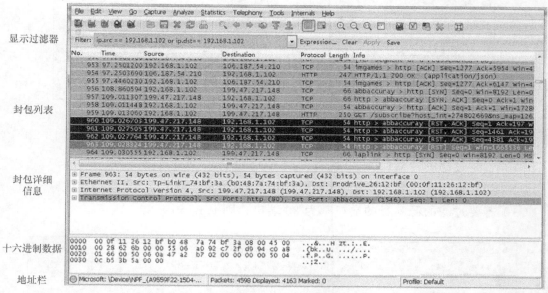

图 1-44 Wireshark 的界面

1）过滤源 IP 地址和目的 IP 地址

（1）查找源地址的过滤格式为 ip.src==172.16.201.140，如图 1-45 所示。

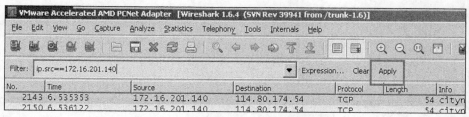

图 1-45 查找源地址的过滤格式

注意，在输入过滤条件时，无须以";"结尾，直接单击后面的 Apply 按钮即可过滤。

（2）查找目的地址的过滤格式为 ip.dst==192.168.101.8。

（3）若查找的源地址和目的地址都为某一个 IP 地址，则使用 ip.addr==172.16.201.140。这个方法在查看 3 次握手时非常有用，通过它可以看到 3 次握手的完整过程，如图 1-46 所示。

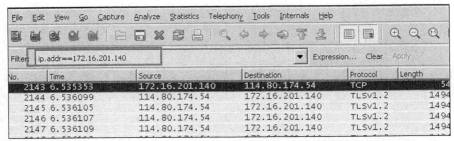

图 1-46　通过 ip.addr==172.16.201.140 显示 3 次握手的完整过程

2）过滤端口

（1）若要过滤的源端口为 80 端口，则 tcp.srcport==80，如图 1-47 所示。

（2）若要过滤的目的端口为 80 端口，则 tcp.dstport==80。

（3）若要过滤的源和目的端口都为 80 端口，则 tcp.port==80。

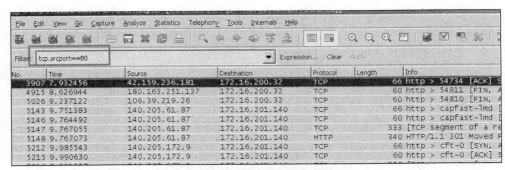

图 1-47　过滤源端口号的示例

3）过滤协议

可直接输入相关协议（如 http），如图 1-48 所示。

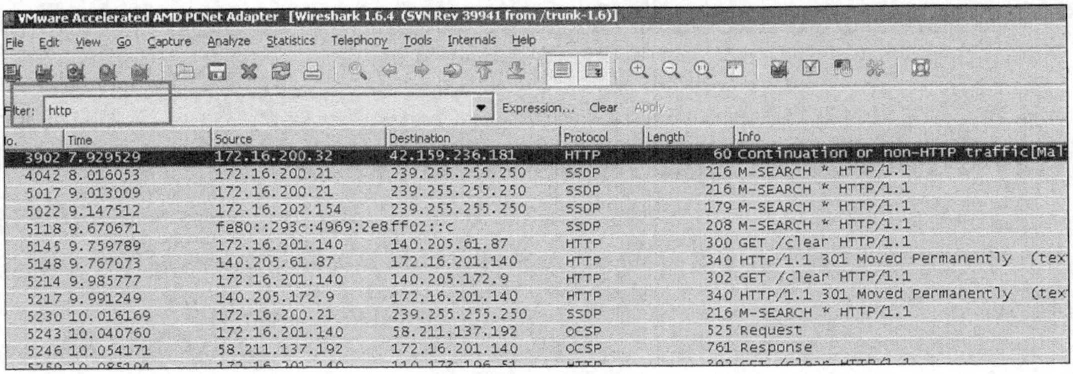

图 1-48　过滤协议

注意：在进行 HTTP 过滤时，因为它属于粗粒度的过滤，所以在过滤后的协议中看到的 SSDP、OCSP 等其实都属于应用层协议。

4）过滤 HTTP 模式

（1）过滤 GET 包的格式是 http.request.method=="GET"。

（2）过滤 POST 包的格式是 http.request.method=="POST"。

以上这两种过滤属于细粒度过滤。

5）过滤逻辑运算

若进行逻辑运算过滤，则要使用 not、and 和 or 等对多个条件进行连接。使用 and 进行逻辑运算过滤的示例如图 1-49 所示。

注意：not 具有最高的优先级，or 和 and 具有相同的优先级，运算从左至右进行。

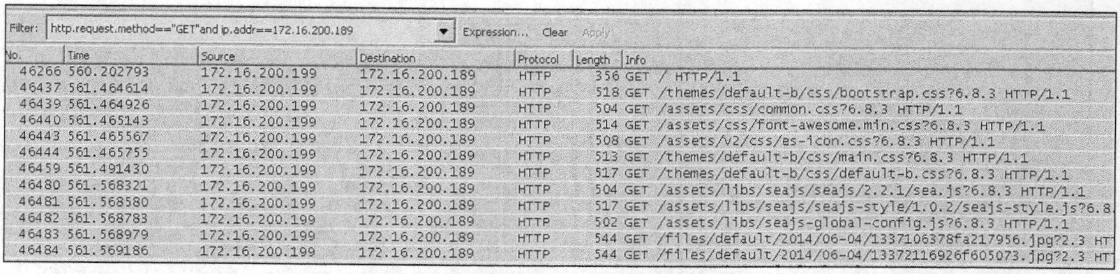

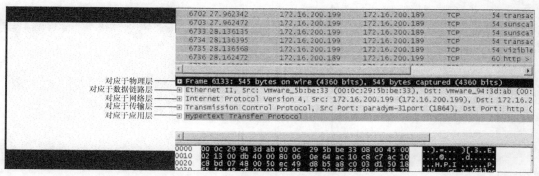

图 1-49　使用 and 进行逻辑运算过滤的示例

4. Wireshark 数据与协议层的对应关系

Wireshark 数据与协议层的对应关系如图 1-50 所示。

图 1-50　Wireshark 数据与协议层的对应关系

以下是 Wireshark 的分层数据内容和 TCP/IP 层的对应关系。

- Frame：表示物理层的数据帧概况。

- Ethernet II：表示数据链路层中以太网帧头部信息。

- Internet Protocol Version 4：表示网络层 IP 包头部信息。

- Transmission Control Protocol：表示传输层的数据段头部信息。

- Hypertext Transfer Protocol：表示应用层的信息。

TCP 头的内容和 Wireshark 的具体数据之间的对应关系，如图 1-51 所示。

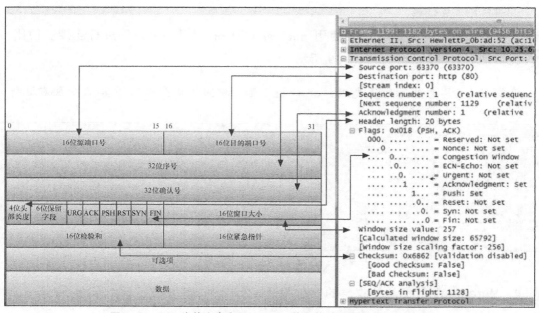

图 1-51 TCP 头的内容和 Wireshark 的具体数据之间的对应关系

第 2 章　常用 Web 开发技术

本章主要介绍和 Web 相关的开发知识，便于测试人员快速地对 Web 系统的开发过程有一个直观的了解。常见的开发语言和工具有以下几种。

- 客户端脚本开发语言包含 HTML、JavaScript、CSS 等。
- 服务器端脚本一般需要进行组合开发，例如，使用比较多的是 PHP+MySQL、ASP.NET+SQL Server，以及 Java 和 SQL Server、Servlet、JSP 等。

以下就一些常用的开发技术进行介绍。

2.1　常用 Web 开发语言和工具

2.1.1　HTML

定义：和一般文本不同的是，一个超文本标记语言（Hypertext Markup Language，HTML）文件不仅包含文本内容，还包含一些标记。

其特点如下。

- 一个 HTML 文件的扩展名是.htm 或者.html。
- 用文本编辑器就可以编写 HTML 文件。
- HTML 文件看上去和一般文本类似，但是它比一般文本多了标记。通过<html>、<b>等标记，可以告诉浏览器如何显示文件。

1. 入门示例

打开 Notepad 并新建一个文件，将以下代码复制到这个新文件中，然后将这个文件另存为 firstpage.html。

```
<html>
<head>
```

```
<title>Title of page</title>
</head>
<body>
This is my first homepage. <b>This text is bold</b>
</body>
</html>
```

要浏览 firstpage.html 文件，需要双击它，或者打开浏览器，在 File 菜单中选择 Open，然后选择这个文件。

关于以上示例的解释如下。

- 这个文件的第一个标签是<html>，这个标签告诉浏览器这是 HTML 文件的头。文件的最后一个标签是</html>，这表示 HTML 文件到此结束。
- <head>和</head>之间的内容是 Head 信息。Head 信息是不显示出来的，在浏览器里看不到它。但是这并不表示这些信息没有用处。比如，在 Head 信息里加上一些关键词，有助于搜索引擎搜索到对应的网页。
- <title>和</title>之间的内容是文件的标题。可以在浏览器最顶端的标题栏看到它。
- <body>和</body>之间的信息是正文。
- 和之间的文字用粗体（bold）来表示。

2. HTML 文档包含的内容

通过不同的标记，HTML 文档可以包含不同的内容，如文本、链接、图片、列表、表格、表单、框架等。

- 文本：HTML 支持多种文本。可以设置不同级别的标题、分段方式和换行方式；可以指定文本的语义和外观；可以说明文本引用自其他地方等。
- 链接：用来指出某些内容与另一个页面或当前页面的某个地方有关。
- 图片：用于使页面更加美观，或提供更多的信息。
- 列表：用于说明一系列条目是彼此相关的。
- 表格：按行与列将数据组织在一起的形式。也有不少人使用表格调整页面布局。
- 表单：通常由文本框、按钮、复选框、单选按钮、下拉列表等组成，从而使 HTML 页面更有交互性。
- 框架：使页面包含其他的页面。

3．文本标签

最常用的文本标签可能是<font>，它用于改变字体、字号、文字颜色。示例如下。

```
<font size="6">6</font>
<font size="4">4</font>
<font color="red" size="5">红色的 5</font>
<font face="黑体">黑体的字</font>
```

加粗、下划线、斜体也是常用的文字效果，它们分别由<b>、<u>、<i>来表示。

```
<b>Bold</b>
<u>underline</u>
<i>italic</i>
```

如果一篇很长的文章有合适的小标题，就可以快速地对它的内容有了大致的了解。在 HTML 里，用来表示标题的标签有<h1>、<h2>、<h3>、<h4>、<h5>、<h6>，它们分别表示一级标题、二级标题、三级标题……示例如下。

```
<h1>HTML 简易入门教程</h1>
<h2>什么是 HTML</h2>
...
<h2>HTML 的特点</h2>
...
```

4．图片

<hr>标签可在页面上添加横线。通过指定属性 width 与 color 可以控制横线的长度和颜色。示例如下。

```
<hr width="90%" color="red" >
```

<img>标签用于在页面上添加图片，src 属性指定图片的地址。如果无法打开 src 指定的图片，则浏览器通常会在页面中需要显示图片的地方显示由 alt 属性定义的文本。使用方法如下。

```
<img src="图片路径">
```

上面的图片路径也可以是网站上的一个地址。

5．链接

超级链接用<a>标签来表示，href 属性指定了链接的地址；<a>标签可以包含文本，也可以包含图片。

```
<a href="http://www.163.com">网易首页</a>
<a href="http://www.126.com"><img src="https://www.baidu.com/img/bdlogo.png" />
</a>
```

6. 分段与换行

因为 HTML 文档会忽略空白符，所以要想保证正常的分段与换行，必须指出哪些文字是属于同一段落的，这就用到了标签<p>。示例如下。

```
<p>这是第一段。</p>
<p>这是第二段。</p>
```

也有人不用<p>，而用
。因为
只表示换行，不表示段落的开始或结束，所以它通常没有结束标签。示例如下。

```
这是第一段。<br>
这是第二段。<br>
这是第三段。
```

图 2-1 形象地说明了分段和换行的区别。

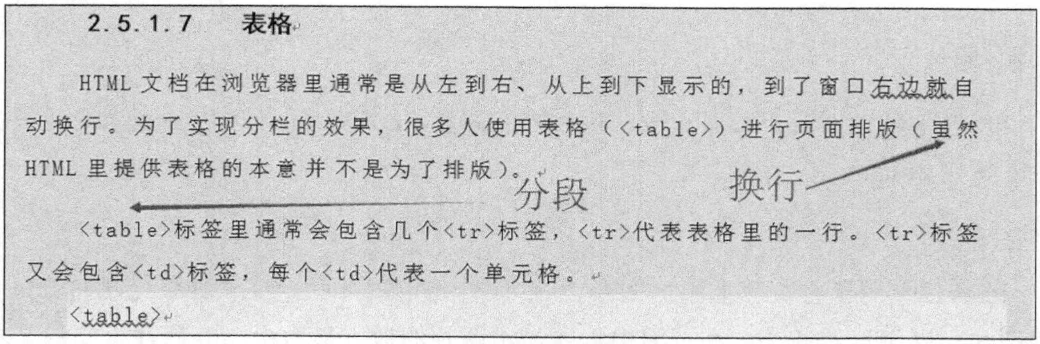

图 2-1　分段和换行的区别

有时，要把文档看作是由不同部分组合起来的，比如，一个典型的新闻页面可能包括好多个独立的区域。<div>标签专门用于区分不同的部分。

```
<body>
<h1>NEWS WebSITE</h1>
 <p>some text. some text. some text...</p>
 ...
```

```
<div class="news">
  <h2>News headline 1</h2>
  <p>some text. some text. some text...</p>
  ...
</div>
<div class="news">
  <h2>News headline 2</h2>
  <p>some text. some text. some text...</p>
  ...
</div>
...
</body>
```

7. 表格

HTML 文档在浏览器里通常是从左到右、从上到下显示的，到了窗口右边就自动换行。为了实现分栏的效果，很多人使用表格（<table>）进行页面排版（虽然 HTML 里提供表格的本意并不是为了排版）。

<table>标签里通常会包含几个<tr>标签，<tr>代表表格里的一行。<tr>标签又会包含<td>标签，每个<td>代表一个单元格。示例如下。

```
<table>
  <tr>
    <td>2000</td><td>悉尼</td>
  </tr>
  <tr>
    <td>2004</td><td>雅典</td>
  </tr>
  <tr>
    <td>2008</td><td>北京</td>
  </tr>
</table>
```

<tr>标签还可以被<table>里的<thead>、<tbody>或<tfoot>所包含。这三者分别代表表头、表正文、表脚。在打印网页的时候，如果表格很大，一页打印不完，<thead>和<tfoot>将在每一页都出现。

<th>和<td>非常相似，也用在<tr>中。然而，<th>代表这个单元格是它所在行或列的标题。示例如下。

```
<table>
  <thead>
```

```
    <tr><th>时间</th><th>地点</th></tr>
  </thead>
  <tbody>
    <tr><td>2000</td><td>悉尼</td></tr>
    <tr><td>2004</td><td>雅典</td></tr>
    <tr><td>2000</td><td>北京</td></tr>
  </tbody>
</table>
```

如果需要表格带上边框，则可在\<table\>后使用 border="1"，例如：

```
<table border="1">
  <thead>
    <tr>
    ……
```

8. 列表

表格用于表示二维数据（行和列）。一维数据则用列表来表示。列表分为无序列表（\<ul\>）、有序列表（\<ol\>）和自定义列表（\<dl\>）。前两种列表更常见一些，它们用\<li\>标签包含列表项。

无序列表表示一系列类似的项，它们之间没有先后顺序。示例如下。

```
<ul>
  <li>苹果</li>
  <li>橘子</li>
  <li>桃</li>
</ul>
```

在有序列表中各个项之间的顺序是很重要的，浏览器通常会自动给它们产生编号。示例如下。

```
<ol>
  <li>打开冰箱门</li>
  <li>把东西放进去</li>
  <li>关上冰箱门</li>
</ol>
```

9. 框架

作为曾经非常流行的技术，框架使一个窗口能同时显示多个文档。主框架页里面没有\<body\>标签，取代它的是\<frameset\>。

　　<frameset>标签中的属性 Rows 和 Cols 用于指定框架集（frameset）里有多少行（列），以及每行（列）的高度（宽度）。

　　<frameset>标签可以包含<frame>标签，每个<frame>标签代表一个文档（src 属性指定文档的地址）。

　　如果觉得这样的页面还不够复杂，则可以在<frameset>标签里包含<frameset>标签。示例如下。

```
1 <frameset rows="15%,*">
2     <frame src="top.html" name=title scrolling=no>
3     <frameset cols="20%,2*,100">
4         <frame src="left.html" name=sidebar>
5         <frame src="right.html" name=recipes>
6     </frameset>
7 </frameset>
```

　　第 1 行表示页面分成两行，第 1 行占整个页面的 15%，第 2 行占整个页面 85%。

　　第 2 行的内容是 top.html 页面。因为 cols 是在 rows 的框架中写的，所以在第 2 行的页面中进行分列。

　　第 3 行表示把页面分成 3 列，第 1 列占整个页面的 20%，第 2 列占整个页面的 2/3，第 3 列占 100px。由于当右边第 3 列占用了 100px 后，第 2 列就不能占整个页面的 2/3 了，因此浏览器对其进行了重分配。

　　以上是 HTML 框架的基本概念，而在现代的网页编程技术中，更多地使用了 iframe 这种内联框架技术，iframe 同样可以在网页内显示网页。

　　以下是 iframe 的一些语法。

　　iframe 的基本语法结构如下。

```
<iframe src="URL"></iframe>
```

　　height 和 width 属性用于设定 iframe 的高度与宽度。属性值的默认单位是像素，也可以用百分比来设定（比如 "80%"）。示例如下。

```
<iframe src="demo_iframe.htm" width="200" height="200"></iframe>
```

　　要去掉边框，代码如下。

```
<iframe src="demo_iframe.htm" frameborder="0"></iframe>
```

　　图 2-2（a）和（b）分别展示了有边框与无边框的文字。

本页显示在
内联框架
中。

（a）有边框的文字

本页显示在内联框
架中。

（b）无边框的文字

图 2-2 有边框和无边框的文字

要使用 iframe 作为链接的目标，示例代码如下。

```
<!DOCTYPE html>
<html>
<body>
<iframe src="demo_iframe.html" name="iframe_a"></iframe>
<p>
<a href="http://www.51Testing.com" arget="iframe_a">51Testing</a>
</p>
</body>
</html>
```

demo_iframe.html 的内容如下所示。

```
<!DOCTYPE html>
<html>
<body>
这只是一个演示页面而已
</body>
</html>
```

当单击<a>中的链接后，就会在 iframe 中显示 51Testing 网站的内容，如图 2-3（a）和（b）所示。

（a）单击 51Testing 链接前

（b）单击 51Testing 链接后

图 2-3 在 iframe 中显示 51Testing 网站的内容

10. 注释

注释（<!--和-->）标记用于在源代码中插入注释。注释不会显示在浏览器中。

注释可对代码进行解释，这样有助于以后对代码进行编辑。

使用注释标记来隐藏浏览器不支持的脚本也是一个好习惯（这样就不会把脚本显示为纯文本）。

```
<script type="text/javascript">
<!--
function displayMsg()
{
alert("Hello World!")
}
//-->
</script>
```

注意：倒数第 2 行中的两条斜杠（//）是 JavaScript 的注释符号。这可以避免 JavaScript 执行这一行代码。

2.1.2　JavaScript 语言

JavaScript 是一种基于对象和事件驱动并具有相对安全性的客户端脚本语言。同时 JavaScript 也是一种广泛用于客户端 Web 开发的脚本语言，常用来给 HTML 网页添加动态功能，比如，响应用户的各种操作。它最初是由网景公司的 Brendan Eich 设计的，是一种动态、弱类型、基于原型的语言，具有内置支持类。

JavaScript 的特点如下所示。

- JavaScript 是一种解释性语言，简化了开发过程。
- 在网页中，使用 JavaScript 可以改进设计、验证表单、检测浏览器、创建 Cookie。
- JavaScript 具有跨平台特性。

1. 入门示例

打开 Notepad 并新建一个文件，将以下代码复制到这个新文件中，然后将这个文件另存为 firstjs.html。

```
<html>
    <head>
        <title>欢迎来到 51Testing 学习 JavaScript 语言</title>
    </head>
```

```
    <body>
        <script type="text/javascript">
            alert("www.51Testing.com");
        </script>
    </body>
</html>
```

要浏览这个 firstjs.html 文件，需要双击它，或者打开浏览器，在 File 菜单中选择 Open，然后选择这个文件。

html 部分的内容已经介绍过，下面直接讲解 JavaScript 部分的例子。关于例子的解释如下所示。

- `<script type="text/javascript">`代表 JavaScript 代码的开始，`</script>`代表代码的结束。JavaScript 代码要放在开始与结束标签之间。
- alert（"www.51Testing.com"）是一个真正的 JavaScript 语句，alert 代表弹出一个提示框，"www.51Testing.com" 代表提示框里面的内容。

2. 写入 HTML 输出

只能在 HTML 输出中使用 document.write，如果在文档加载后使用该方法，则会覆盖整个文档。

如下例子会在页面中输出一些文字。

```
<html>
<body>
<p>
JavaScript 能够直接写入 HTML 输出流中
</p>
<script>
document.write("<h1>This is a heading</h1>");
document.write("<p>This is a paragraph.</p>");
</script>
<p>
只能在 HTML 输出流中使用 <strong>document.write</strong>,
如果在文档已加载后使用它（如在函数中)，则会覆盖整个文档
</p>
</body>
</html>
```

3. 对事件做出反应

alert()函数能对鼠标单击等操作做出反应。虽然 alert()在 JavaScript 中并不常用，但

它对于代码测试非常有用。

在下面的例子中，当单击对应按钮后，会弹出相应的文字。

```html
<html>
<body>
<h1>我的第一段 JavaScript</h1>
<p>
JavaScript 能够对事件做出反应，比如，对按钮的单击
</p>
<button type="button" onclick="alert('Welcome!')">单击这里</button>
</body>
</html>
```

4. 改变 HTML 元素的内容

可以使用 JavaScript 来处理 HTML 元素的内容。document.getElementByID（"some id"）这个方法是在 HTML 文档对象模型（Document Object Model，DOM）中定义的。DOM 是用来访问 HTML 元素的。

相关示例如下。

```html
<html>
<body>
<h1>我的第一段 JavaScript</h1>
<p id="demo">
JavaScript 能改变 HTML 元素的内容
</p>
<script>
function myFunction()
{
x=document.getElementById("demo");   // 找到元素
x.innerHTML="Hello JavaScript!";      // 改变内容
}
</script>
<button type="button" onclick="myFunction()">单击这里</button>
</body>
</html>
```

5. 改变 HTML 图像

JavaScript 能够改变任意 HTML 元素的大多数属性，而不仅是图片。这里以图片为例，相关代码如下。

```
<html>
<body>
<script>
function changeImage()
{
element=document.getElementById('myimage')
if (element.src.match("bulbon"))
  {
element.src="../i/eg_bulboff.gif"/*tpa=***jb51***/i/eg_bulboff.gif*/;
  }
else
  {
element.src="../i/eg_bulbon.gif"/*tpa=***jb51***/i/eg_bulbon.gif*/;
  }
}
</script>
<img id="myimage" onclick="changeImage()" src="../i/eg_bulboff.gif">
<p>单击灯泡来点亮或熄灭这盏灯</p>
</body>
</html>
```

灯泡熄灭和点亮的图片分别如图 2-4（a）和（b）所示。

6. 改变 HTML 元素的样式

改变 HTML 元素的样式，属于改变 HTML 属性的变体。下面给出一个例子。

eg_bulboff.gif　　eg_bulbon.gif
（a）　　　　（b）
图 2-4　灯泡图片

```
<html>
<body>
<h1>我的第一段 JavaScript</h1>
<p id="demo">
JavaScript 能改变 HTML 元素的样式
</p>
<script>
function myFunction()
{
x=document.getElementById("demo")   // 找到元素
x.style.color="#ff0000";            // 改变样式
}
```

```
</script>
<button type="button" onclick="myFunction()">单击这里</button>
</body>
</html>
```

7. 验证输入

这个功能常用于验证用户的输入是否符合程序规定。在下面的例子中使用 isNaN() 函数来验证是否输入了数字。

```
<html>
<body>
<h1>我的第一段 JavaScript</h1>
<p>请输入数字。如果输入值不是数字，则浏览器会弹出提示框。</p>
<input id="demo" type="text">
<script>
function myFunction()
{
var x=document.getElementById("demo").value;
if(x==""||isNaN(x))
    {
    alert("Not Numeric");
    }
}
</script>
<button type="button" onclick="myFunction()">单击这里</button>
</body>
</html>
```

2.1.3　CSS

层叠样式表（Cascading Style Sheet，CSS）的特点如下所示。

- CSS 是用于布局与美化网页的。
- 由于 CSS 语言是一种标记语言，因此不需要编译。它可以直接由浏览器执行（属于浏览器解释性语言）。
- CSS 文件是一个文本文件，它包含了一些 CSS 标记，CSS 文件必须使用 css 作为文件扩展名。
- CSS 是不区分大小写的，比如，CSS 与 css 是一样的。

使用 CSS 的原因如下所示。

- 为了方便 HTML 的维护。
- XHTML（可扩展的超文本标记语言）比 HTML 有更严格的要求（HTML 语法要求并不严格，比如，即使没有</body>或</html>，HTML 页面也可以解析，而 XHTML 则不允许这样）。如果说 HTML 是汉语，那么 XHTML 就是标准普通话。因为语法上更严格，所以 XHTML 要求页面排版和格式化必须使用 CSS，而不是 HTML 标签内置的各种属性，从而使 XHTML 更具有通用性，在各种浏览器上都可以支持 XHTML。

CSS 的 3 种存在形式如下。

- 行间样式表：在某个元素的属性中指定 style 属性，指定一个元素的格式。
- 内部样式表：在页面的头部定义当前页面的 CSS，指定一个文件的格式。
- 外部样式表：CSS 被定义成单独的外部文件，指定多个文件的格式。

1. 外部样式表的示例

下面创建一个外部样式表。具体步骤如下。

（1）打开 Notepad 并新建一个文件，将以下代码复制到这个新文件中，然后将这个文件另存为 firstcss.html。

```html
<html>
    <head>
        <title> 欢迎来到 51Testing </title>
        <link rel="stylesheet" type="text/css" href="mycss.css" />
    </head>
    <body>
        <h1>欢迎来到 51Testing 学习</h1>
        <p>这是我的第一个网页,在这里
            <a href="http://www.51Testing.com ">
                尽情学习软件测试吧
            </a>
        </p>
    </body>
</html>
```

（2）再新建一个文件，复制下面的代码，然后另存为 mycss.css，和 firstcss.html 保存在同一个目录下。

```
/*段落样式*/
p
```

```
{
    color: purple;
    font-size: 12px;
}

/*标题样式*/
h1
{
    color: olive;
    text-decoration: underline;
}

/*链接样式*/
a:link
{
    color:blue
}
a:visited
{
    color:brown;
}
a:hover
{
    color: red;
    background: yellow;
}
a:active
{
    color:white;
    background: green;
}
```

（3）双击打开 firstcss.html 文件，可以看到样式表定义的样式。

（4）尝试把 mycss.css 文件从 firstcss.html 所在目录中移走，目的是让 firstcss.html 找不到这个 CSS 文件。然后查看输出结果，对比有样式表和没有样式表的区别。

下面进行示例分析。

（1）HTML 文件要在 head 处加载 CSS 样式<link rel="stylesheet"type="text/css" href="mycss.css" />。

（2）以下这段代码代表 p 标签所包含的内容都是以紫色、12px 大小的字号显示的。

```
p
{
color: purple;
font-size: 12px;
}
```

（3）以下这段代码代表 h1 标签所包含的内容都是以橄榄色、带下划线的文字显示的。

```
h1
{
color: olive;
text-decoration: underline;
}
```

（4）以下这段代码代表超链接的样式。

```
a:link
{
color:blue;
}
a:visited
{
color:brown;
}
a:hover
{
color: red;
background: yellow;
}
a:active
{
color:white;
background: green;
}
```

其中，a:link 表示超链接的默认样式；a:visited 表示访问过的（已经看过的）链接样式；a:hover 表示鼠标处于悬停状态的链接样式；a:active 表示当鼠标左侧按钮按下时，被激活（就是鼠标左侧按钮按下去的那一瞬间）的链接样式。这 4 种样式也称为超链接的L-V-H-A 样式。

2.　行间样式表的示例

行间样式表由 XHTML 中元素的 style 属性支持，我们只需要将 CSS 代码用 "；" 隔开并书写在 style=""之中便可以完成对当前标签的样式定义。行间样式表是 CSS 样式定义的一种基本形式。

然而，一般来说，不推荐这种样式表编写形式。行间样式表仅是基于 XHTML 标签对 style 属性的支持产生的，并不符合表现与内容相分离的设计模式。从代码结构上来说，使用行间样式表与使用表格布局是完全相同的，行间样式表仅利用了 CSS 对元素的精确控制优势，并没能很好地实现表现与内容的分离。因此，应该杜绝这种 CSS 编写方式，此方式最好仅在需要调试样式的时候使用。

关于行间样式表的示例如下。

```
<html>
<head>
<body>
<h1 style="font-size:12px;color:#000FFF">
样式
</h1>
</body>
</head>
</html>
```

3.　内部样式表的示例

内部样式表与行间样式表的相似之处在于，前者也将 CSS 样式编写在页面之中。不同的是，前者可以将样式统一放置在 head 标记中。示例如下。

```
<html>
<head>
<title>内部样式表</title>
<style type="text/css">
    h1{font-size:12px;color:#000FFF }
</style>
</head>
<body>
<h1>我的 CSS 样式。</h1>
</body>
</html>
```

4. CSS ID 选择器

CSS ID 选择器可以为标有特定 ID 的 HTML 元素指定特定的样式。CSS ID 选择器以"#"来定义。示例如下。

```
<html>
<head>
<style type="text/css">
#red {color:red;}
#green {color:green;}
</style>
</head>
<body>
<p id="red">这个段落是红色的。</p>
<p id="green">这个段落是绿色的。</p>
</body>
</html>
</html>
```

关于 CSS ID 选择器的示例的运行结果如图 2-5 所示。

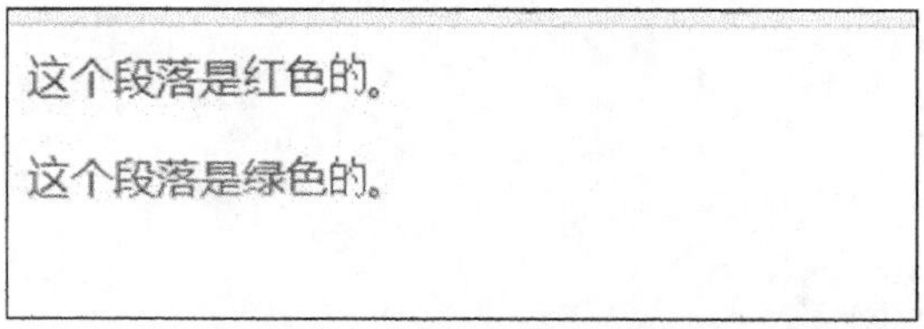

```
这个段落是红色的。

这个段落是绿色的。
```

图 2-5　关于 CSS ID 选择器的示例的运行结果

需要注意的是，字体变红色和绿色并不是由 id="red" 或者 id="green" 决定的，而是由 #red {color:red;} 中的 color:red 决定的。

5. CSS 类选择器

在 HTML 的很多标签中，都有 class 属性，类选择器就是通过 class 属性来选择标签的。CSS 类选择器以一个点号来表示。示例如下。

```
<html>
<head>
<style type="text/css">
.center  {text-align: center;
          color:red;
         }
```

```
</style>
</head>
<body>
<h1 class="center">
第一个标题居中
</h1>

<p class="center">
第二个标题也居中
</p>

</body>
</html>
```

关于 CSS 类选择器的示例的运行结果如图 2-6 所示。

第一个标题居中

第二个标题也居中

图 2-6　关于 CSS 类选择器的示例的运行结果

和 ID 一样，class 也可用作派生选择器。

思考：在上述示例中，如何单独让第二个标题居中？答案如图 2-7 所示。在样式表的.center 前加 p 就可以了。

```
<html>
<head>
<style type="text/css">
p.center  {text-align: center;
          color:red;
          }
</style>
</head>
<body>
<h1 class="center">
此第一个标题居中
</h1>

<p class="center">
第二个标题也居中
</p>

</body>
</html>
```

图 2-7　在样式表的.center 前加 p

修改代码之后的运行结果如图 2-8 所示。

第一个标题居中

第二个标题也居中

图 2-8　修改代码之后的运行结果

6. CSS 属性选择器

通过 CSS 属性选择器可以对带指定属性的 HTML 元素设置样式。示例代码如下。

```html
<html>
<head>
<style type="text/css">
[title=testing]
{   font-style: italic;
    color:blue;
}
</style>
</head>

<body>
<h1>可以应用样式：</h1>
<h2 title="testing" >我现在在学样式表。文字变蓝和变成斜体了吗？</h2>
<br />
<p title="testing" >我正在学属性选择器。文字也是蓝的斜体字吗？</p>
<hr />

<h1>无法应用样式：</h1>
<p class="sunday" >另起一行，文字不应该变蓝。</p>
</body>
</html>
```

关于属性选择器的示例代码的运行结果如图 2-9 所示。

7. CSS 派生选择器

派生选择器依据元素的上下文关系来定义样式，可使标记更加简洁。

根据派生选择器的位置，它又可以分为后代选择器、子元素选择器、相邻兄弟选择器。

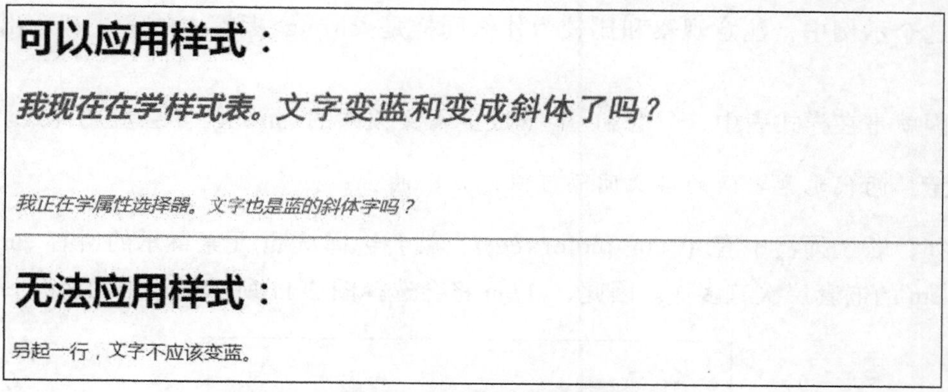

可以应用样式：

我现在在学样式表。文字变蓝和变成斜体了吗？

我正在学属性选择器。文字也是蓝的斜体字吗？

无法应用样式：

另起一行，文字不应该变蓝。

图 2-9 关于属性选择器的示例代码的运行结果

1）后代选择器

后代选择器（descendant selector）又称为包含选择器。后代选择器可以选择作为某元素后代的元素。示例代码如下。

```
<html>
<head>
<style type="text/css">
li strong {
    font-style: italic;
    font-weight: normal;
  }
</style>
</head>
<body>
<p><strong>我是粗体字，规则对我不起作用</strong></p>
<ol>
<li><strong>我是斜体字。这是因为 strong 元素位于 li 元素内。</strong></li>
<li>我是正常的字体。</li>
</ol>
</body>
</html>
```

关于后代选择器的示例代码的运行结果如图 2-10 所示。

我是粗体字，规则对我不起作用

1. *我是斜体字。这是因为 strong 元素位于 li 元素内。*
2. 我是正常的字体。

图 2-10 关于后代选择器的示例代码的运行结果

在这个示例中，注意观察和比较为什么同样是<strong>标签中的字，却会出现不同的变化。

原因就是在样式表中，只有和<li>形成上下文关系的<strong>才会应用样式。

注意： *两代元素之间的层次间隔可以是无限的。*

例如，若选择器中有 ul em {color:red;}，就会选择从 ul 元素继承的所有 em 元素，而不管 em 的嵌套层次有多深。因此，ul em 将会选择图 2-11 所示标记中的所有 em 元素。

```
<ul>
  <li>List item 1
    <ol>
      <li>List item 1-1</li>
      <li>List item 1-2</li>
      <li>List item 1-3
       <ol>
         <li>List item 1-3-1</li>
         <li>List item <em>1-3-2</em></li>
         <li>List item 1-3-3</li>
       </ol>
      </li>
      <li>List item 1-4</li>
    </ol>
  </li>
  <li>List item 2</li>
  <li>List item 3</li>
</ul>
```

图 2-11　选择的 em 元素

2）子元素选择器

子元素选择器（child selector）选择某元素的子元素。

子元素选择器只选择元素的直系子元素，不像后代选择器那样选择任意的后代元素。示例代码如下。

```
<!DOCTYPE HTML>
<html>
<head>
<style type="text/css">
h1 > strong {color:red;}
</style>
</head>


<body>
<h1>I am <strong>red </strong><strong>color</strong>.</h1>
<h1>I am <em>not <strong>red</strong></em> color.</h1>
```

```
</body>
</html>
```

关于子元素选择器的示例的运行结果如图 2-12 所示。第一个 h1 中的 red 和 color 元素变为红色，因为两个元素都是 h1 元素的直系子元素。但是第二个 h1 元素中的 red 和 color 元素不受影响，因为这个元素是 h1 元素的孙子元素。

3）相邻兄弟选择器

相邻兄弟选择器（adjacent sibling selector）可选择紧接在另一元素后的元素，且两者有相同的父元素。

相邻兄弟选择器使用了加号（+），即相邻兄弟结合符（adjacent sibling combinator）。示例代码如下。

```
<!DOCTYPE HTML>
<html>
<head>
<style type="text/css">
h1 + p {color:red;}
</style>
</head>

<body>
<h1>锄禾日当午</h1>
<p>汗滴禾下土</p>
<p>谁知盘中餐</p>
<p>粒粒皆辛苦</p>
</body>
</html>
```

关于相邻兄弟选择器的示例代码的运行结果如图 2-13 所示。

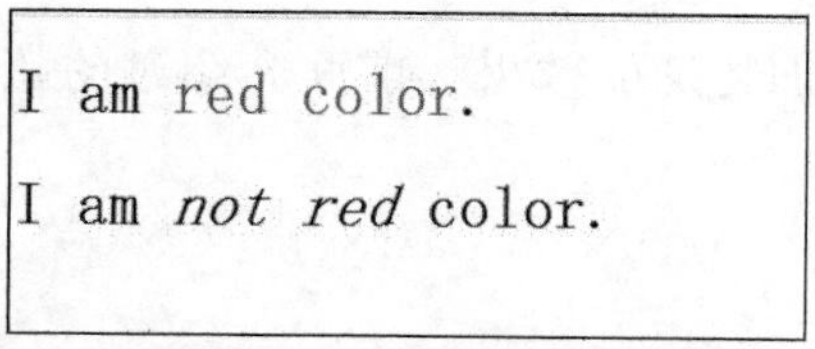

I am red color.

I am *not red* color.

图 2-12 关于子元素选择器的示例代码的运行结果

锄禾日当午

汗滴禾下土

谁知盘中餐

粒粒皆辛苦

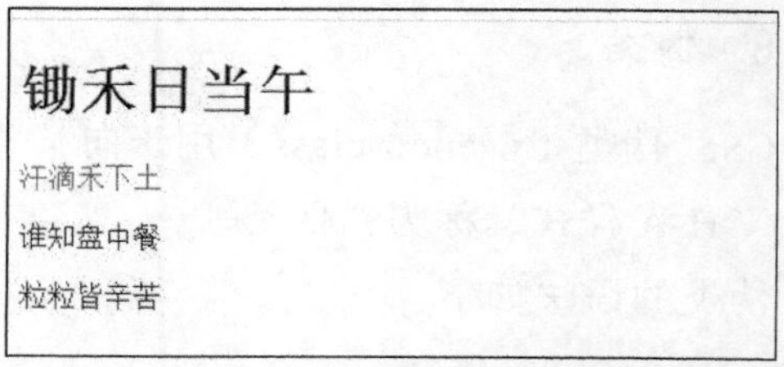

图 2-13 关于相邻兄弟选择器的示例代码的运行结果

代码解析如下。

这个 h1 + p {color:red;} 应该解析为选择紧接在 h1 元素后出现的段落，h1

和 p 元素拥有共同的父元素。

请记住，一个结合符只能选择两个相邻兄弟中的第二个元素。

如果尝试把代码中所有的 h1 改成 p 标签，则会出现什么样的效果？修改后的代码如下所示。

```
<!DOCTYPE HTML>
<html>
<head>
<style type="text/css">
p + p {color:red;}
</style>
</head>


<body>
<p>锄禾日当午</h1>
<p>汗滴禾下土</p>
<p>谁知盘中餐</p>
<p>粒粒皆辛苦</p>
</body>
</html>
```

修改代码后的运行结果如图 2-14 所示。

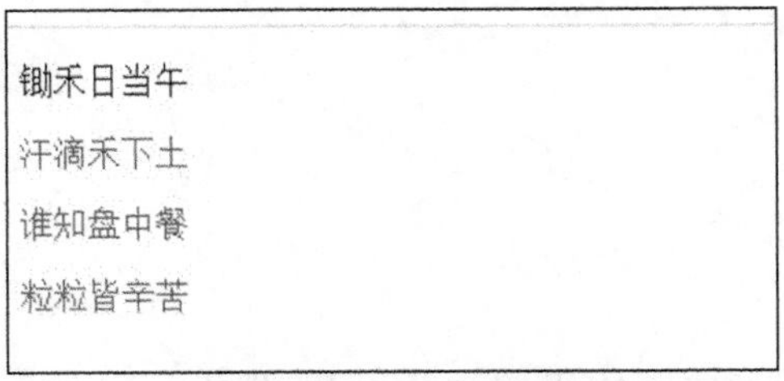

图 2-14　修改代码后的运行结果

8. 伪类

CSS 伪类（pseudo-class）用于向某些选择器添加特殊的效果。前面介绍过的超链接的 L-V-H-A 样式又称为锚伪类。

伪类的语法如下。

```
selector : pseudo-class {property: value}
```

1）focus

focus 适用于已获取焦点的元素样式。

　　示例如下。当一个输入框被选中并呈现可编辑状态时，输入框的背景会变色。链接类的元素用 Tab 键选中后背景会变色。

```
<!DOCTYPE html PUBLIC "-//W3C//DTD XHTML 1.0 Transitional//EN"
"http://www.w3.org/ TR/xhtml1/DTD/xhtml1-transitional.dtd">
<html>
<head>
<style type="text/css">
input:focus
{
background-color:yellow;
}
a:focus
{
background-color:blue;
}
</style>
</head>


<body>
<a href="http://www.baidu.com">单击这里可以访问百度</a>
<form action="form_action.asp" method="get">
First name: <input type="text" name="fname" /><br />
Last name: <input type="text" name="lname" /><br />
<input type="submit" value="Submit" />
</form>
</body>
</html>
```

2）first-child

first-child 伪类用来选择某个元素中的第一个子元素。

注意：在一段 HTML 代码中，"第一个子元素"可能不止一个。

示例代码如下。

```
<!DOCTYPE HTML PUBLIC "-//W3C//DTD HTML 4.01 Transitional//EN"
"http://www.w3.org/ TR/html4/loose.dtd">
<html>
<head>
<style type="text/css">
p:first-child {color:red;}
li:first-child {color:blue;}
```

```
em:first-child {color:yellow;}
</style>
</head>


<body>
<div>
<p>我是 P1，我是 div 的第一个子元素</p>
<p>我是 P2</p>
<ul>
<li>我是 li，我是 ul 的第一个子元素</li>
<li>I am two.</li>
<li>I am three.</li>
</ul>
<p> <em>我是 em，我是 p 的第一个子元素</em> </p>
</div>

<p><b>注意：</b>必须声明 DOCTYPE，这样 first-child 才能在 IE 中生效。</p>
</body>


</html>
```

关于 first-child 的示例代码的运行结果如图 2-15 所示。

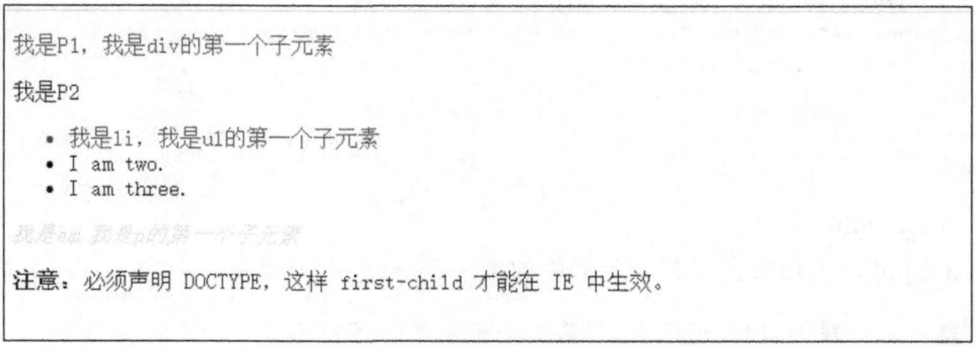

我是P1，我是div的第一个子元素

我是P2

- 我是1i，我是u1的第一个子元素
- I am two.
- I am three.

我是em，我是p的第一个子元素

注意： 必须声明 DOCTYPE，这样 first-child 才能在 IE 中生效。

图 2-15　关于 first-child 的示例代码的运行结果

2.1.4　IE 开发者工具

在目前高版本的 IE（如 IE11）中已经集成了开发者工具。在低版本的 IE 中，可以下载 IE Developer 工具来对页面元素进行跟踪定位，并方便地观察对应的 CSS 和脚本。

以 IE11 为例，在 IE 的页面上右击并从右键菜单中选择"检查元素"，或者按 F12 键，就能打开开发者工具，如图 2-16 所示。

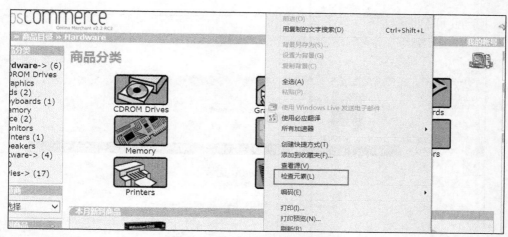

图 2-16　打开开发者工具的过程

　　在底下弹出的 DOM 资源管理器中，可以查看页面中的各种元素，如 html 标记、body 标记等，如图 2-17 所示。

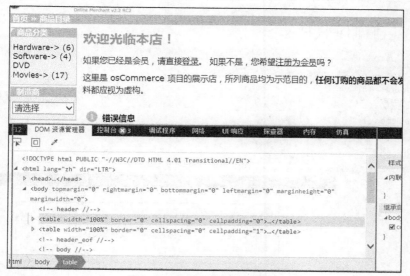

图 2-17　查看页面的各种元素

　　例如，为了查看页面中一张图片的 HTML 源代码，要单击开发者工具中的"选择元素"按钮，如图 2-18 所示。

　　然后在页面上选择该图片，这样底下的 DOM 资源管理器中就会突出显示该元素的 HTML 源代码。单击"选择元素"按钮的作用主要是如果该图片具有链接，则单击后就会跳转，而我们的目的是选择该图片。选择图片后显示的 HTML 源代码如图 2-19 所示。

图 2-18 单击开发者工具中的"选择元素"按钮

图 2-19 选择图片后显示的 HTML 源代码

另外，在高版本 Firefox 浏览器中，可以直接在页面上右击，选择"查看元素"来跟踪页面元素、CSS 和脚本。如果 Firefox 浏览器的版本比较低，还可以下载 Firefox 浏览器的专用插件 Firebug 来做同样的事。在 Chrome 浏览器中要查看页面元素的 HTML 源代码，可以右击页面，选择"查看元素"。

在 Firefox 浏览器中查看元素 HTML 源代码的示例如图 2-20 所示。

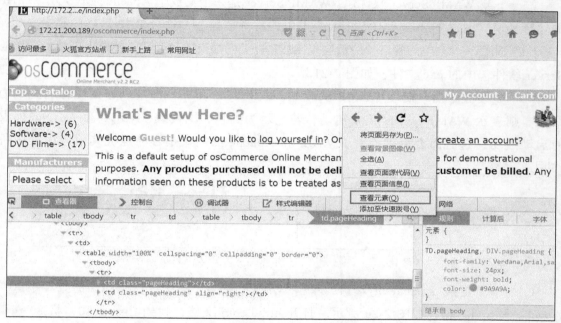

图 2-20　在 Firefox 浏览器中查看元素 HTML 源代码的示例

2.1.5　PHP 语言

PHP 是一种创建动态交互性站点的服务器端脚本语言。PHP 脚本在服务器上执行，结果以纯文本返回浏览器，可以在脚本中包含文本、HTML、CSS 以及 PHP 代码，最后以 ".php" 为扩展名。PHP 广泛应用的一个原因是它可免费下载和使用。

PHP 的功能如下所示。

- 能够生成动态页面内容。
- 能创建、打开、读取、写入、删除以及关闭服务器上的文件。
- 能够接收表单数据。
- 能够发送并取回 Cookie。
- 能够添加、删除、修改数据库中的数据。
- 能够限制用户访问网站中的某些页面。
- 能够对数据进行加密。

1. PHP 运行环境的搭建

搭建 PHP 运行环境的步骤如下。

（1）下载 WAMP Server 软件包。WAMP Server 是一个集成了 Apache、MySQL 和 PHP 的运行环境，通过安装 WAMP Server，可以一次性搭建一个适合 PHP 运行的平台。

（2）选择一个空闲的端口，一般选择 8081 以上的端口比较合适，并单击下载的 Wamp Server 软件包中的.exe 文件，如图 2-21 所示。

（3）安装完毕后，启动 WAMP Server（见图 2-22）。WAMP Server 的图标若显示为绿色，则表示 WAMP Server 正常启动；若显示为红色，则代表 MySQL 和 Apache 都没有启动成功，这时需要分别检查 MySQL 和 Apache 的端口是否已经被其他应用程序所占用。

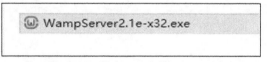

图 2-21　单击.exe 文件

图 2-22　启动 WAMP Server

（4）为了更换 Apache 的端口，单击 WAMP Server 的图标，在弹出的菜单中选择 Apache→httpd.conf，如图 2-23 所示。打开 httpd.conf 文档，找到 Listen 80，将 80 端口改成 8082 端口。当然，这个端口号也可以是 2000～65535 的任意数值。具体操作如图 2-24 所示。

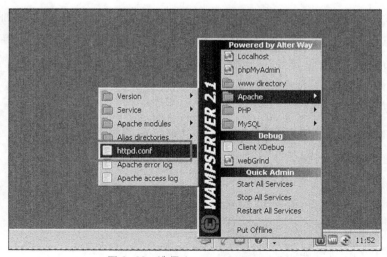

图 2-23　选择 Apache→httpd.conf

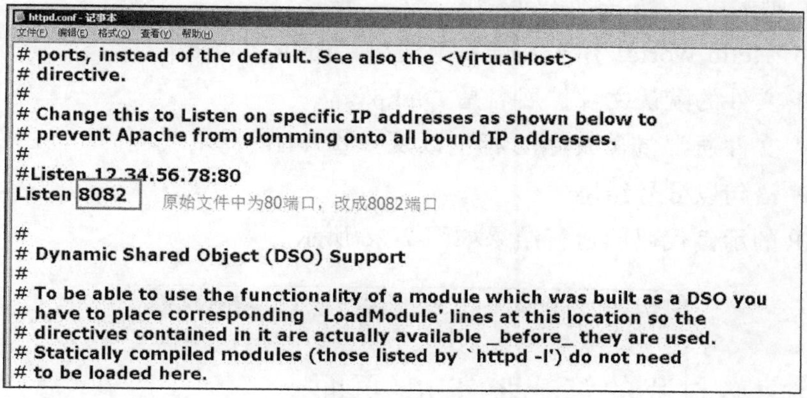

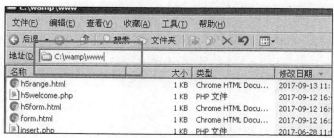

图 2-24　修改端口号

（5）打开 WAMP Server 的安装目录（如果没有更改过，则默认的安装路径就在 C:\wamp 下），找到一个名为 WWW 的文件夹，把所有的 PHP 代码都复制到这个文件夹下，如图 2-25 所示。

图 2-25　把所有的 PHP 代码复制到 WWW 文件夹下

2. 关于 PHP 的入门示例

在 Notepad 中编写如下代码，并另存为.php 文件。将其放入 Web 服务器（WAMP Server）安装目录的 WWW 文件夹下，然后通过 IE 访问 PHP 文件。

```
<html>
<body>
<h1>我的第一张 PHP 页面</h1>
<?php
echo "Hello World!";
?>
</body>
</html>
```

代码解析如下。

- PHP 脚本以"<?php"开头，以"?>"结尾。
- echo "Hello World!"用于在屏幕上输出"Hello World!"。
- PHP 文件的默认文件扩展名是".php"。
- PHP 文件通常包含 HTML 标记以及一些 PHP 脚本代码。
- PHP 语句以分号结尾。

关于 PHP 的示例代码的运行结果如图 2-26 所示。

图 2-26　关于 PHP 的示例代码的运行结果

3. PHP 的语法

1）PHP 区分大小写

- 所有用户定义的函数、类和关键词（如 if、else、echo 等）都不区分大小写。比如，ECHO "Hello"等价于 echo "Hello"，也等价于 EcHo "Hello"。
- 所有变量都区分大小写。

2）PHP 的注释

单行注释的表示方式为在行首加上 // 、#。

多行注释的表示方式为把注释放在 /*和*/之间。

3）变量定义

- 变量以符号$开头，其后是变量的名称。
- 变量名称必须以字母或下划线开头，不能以数字开头。
- 变量名称只能包含字母、数字字符和下划线（A～z、0～9 以及_）。
- 不必告知 PHP 变量的数据类型，在首次为变量赋值时，PHP 根据变量的值，自动把变量转换为正确的数据类型。

示例代码如下。

```php
<?php
$txt="Hello world!";
```

```
$x=5;
$y=10.5;
?>
```

关于代码的解析如下。

因为变量$txt 的值为字符串，所以$txt 就是字符串类型的。因为$x 的值为整数，所以$x 就是整型的。$y 的值为带小数点的数值，因此$y 就是浮点型的。

4．PHP 中变量的作用域

PHP 中变量的作用域有 3 种，分别是局部（local）、全局（global）、静态（static）作用域。

接下来会分别对这 3 种作用域进行说明。

1）全局和局部作用域

● 函数之外声明的变量拥有全局作用域，它只能在函数以外访问。

● 函数内部声明的变量拥有局部作用域，它只能在函数内部访问。

关于全局和局部作用域的示例代码如下。

```
<html>
<body>
<?php
  $x=5;                           // 全局作用域
  function myTest() {
   $y=10;                         // 局部作用域
   echo "<p>在函数内部测试变量: </p>";
   echo "变量 x 是$x";
   echo "<br>";
   echo "变量 y 是$y";
}
myTest();
echo "<p>在函数之外测试变量</p>";
echo "变量 x 是$x";
echo "<br>";
echo "变量 y 是$y";
?>
</body>
</html>
```

关于全局作用域和局部作用域的示例代码的运行结果如图 2-27 所示。

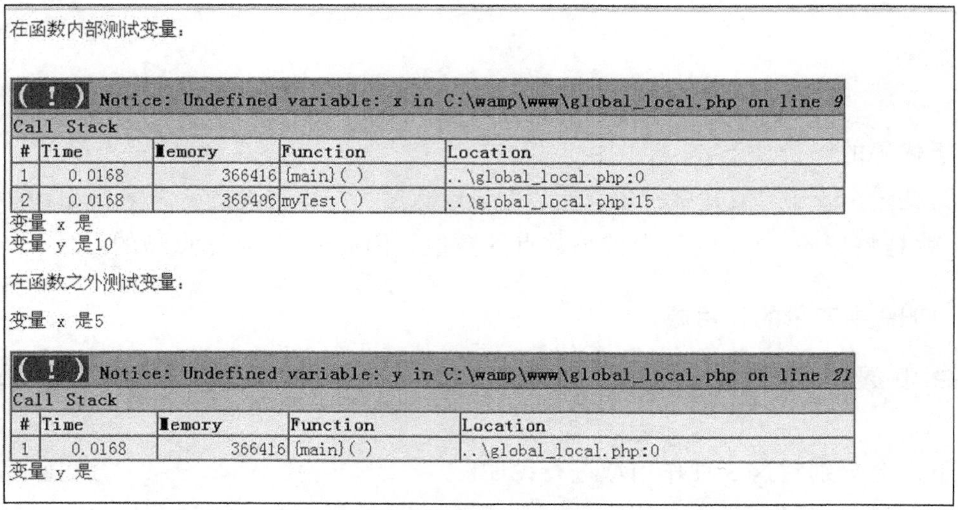

在函数内部测试变量:

```
( ! )  Notice: Undefined variable: x in C:\wamp\www\global_local.php on line 9
Call Stack
#   Time        Memory      Function        Location
1   0.0168          366416  {main}( )       ..\global_local.php:0
2   0.0168          366496  myTest( )       ..\global_local.php:15
```
变量 x 是
变量 y 是10

在函数之外测试变量:

变量 x 是5

```
( ! )  Notice: Undefined variable: y in C:\wamp\www\global_local.php on line 21
Call Stack
#   Time        Memory      Function        Location
1   0.0168          366416  {main}( )       ..\global_local.php:0
```
变量 y 是

图 2-27　关于全局作用域和局部作用域的示例代码的运行结果

从执行结果来看，这段脚本报了两个错误，第一个错误是 x 变量没有定义，第二个错误是 y 变量没有定义。原因很简单，因为 x 变量是全局变量，只能在函数以外进行访问，一旦进入函数内部，x 变量就未定义。y 变量是函数内部的局部变量，一旦退出函数体，y 变量也未定义。所以从这个例子可以很直观地观察出两种作用域之间的区别。

2）PHP 的静态作用域

通常，当函数执行完成后，会删除所有变量。不过，有时也可能不需要删除某个局部变量，以便下次进入这个函数的时候，继续使用这个变量上次的值。要实现这个功能，就必须在首次声明变量时使用 static 关键词。

关于静态作用域的示例代码如下。

```php
<html>
<body>
<?php
function myTest() {
    static $x=0;
    echo $x;
    $x++;
}
myTest();  echo "<br>";
myTest();  echo "<br>";
myTest();  echo "<br>";
```

```
myTest();  echo "<br>";
myTest();
?>
</body>
</html>
```

关于静态作用域的示例代码的运行结果如图 2-28 所示。

图 2-28　关于静态作用域的示例代码的运行结果

代码解析如下。

在这段代码中，函数中的局部变量在离开函数后，它的值并不会被删除，而是进行了累加。

5. PHP 函数

PHP 的官方团队曾说过，PHP 的功能来自它的函数，它拥有 1000 多个内置函数。

当然，除了使用 PHP 已经提供的函数外，用户也可以新建自己的函数。这些函数在页面加载时不会立即执行，只有在调用时才会执行。

1）语法

用户定义的函数以"function"开头。

```
function functionName() {
  被执行的代码;
}
```

函数名以字母或下划线开头，它不区分大小写。函数名应该能够反映函数所执行的任务。

2）示例代码

用户自定义了一个累加函数 sum，并在主程序中对这段函数进行了调用。

```
<html>
<body>
<?php
function sum($x,$y) {
    $z=$x+$y;
    return $z;
}
echo "5 + 10 = " , sum(5,10) , "<br>";
echo "7 + 13 = " , sum(7,13) , "<br>";
echo "2 + 4 = " ,sum(2,4);
?>
</body>
</html>
```

关于函数的示例代码的运行结果如图 2-29 所示。

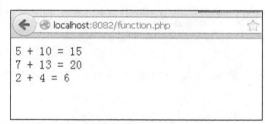

图 2-29　关于函数的示例代码的运行结果

6. PHP 数组

PHP 数组的概念与 Java 以及 C 语言中的相同，都是能够在单个变量中存储一个或多个值的特殊变量。

在 PHP 中，有 3 种数组类型。

- 索引数组：包含数字索引的数组。下面给出一个示例。

```
$cars[0]="Volvo"
```

- 关联数组：包含指定键的数组。下面给出一个示例。

```
$age['Peter']="35";
```

- 多维数组：包含一个或多个数组的数组。下面给出一个示例。

```
$cars[0][0]
```

接下来分别对几种类型的数组进行详细介绍。

1）索引数组

有两种创建索引数组的方法。在第一种方法中，索引是自动分配的（索引从 0 开始）。示例如下。

```
$fruits=array("Apple","Banana","Peach");
```

在第二种方法中，手动分配索引。示例如下。

```
$cars[0]="Volvo";
$cars[1]="BMW";
$cars[2]="SAAB";
```

2）关联数组

在关联数组中用户可以使用自己分配给数组的指定键。关联数组有两种写法。第一种写法如下。

```
$age=array("Peter"=>"35","Ben"=>"37","Joe"=>"43");
```

第二种写法如下。

```
$age['Peter']="35";
$age['Ben']="37";
$age['Joe']="43";
```

3）关于 PHP 数组的示例代码如下。

```
<html>
<body>

<?php
$fruit=array("Apple","banana","pear");

//$fruit=array(0=>"Apple",1=>"banana",2=>"pear");

echo "I like " . $fruit[0] . ", " . $fruit[1] . " and " . $fruit[2] . ".";
?>

</body>
</html>
```

关于数组的示例代码的运行结果如图 2-30 所示。

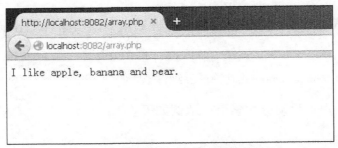

图 2-30　关于数组的示例代码的运行结果

代码解析如下。

在 $fruit=array（"Apple"，"banana"，"pear"）中是索引自动分配的，索引从 0 开始。

在 //$fruit=array(0=>"Apple",1=>"banana",2=>"pear") 中手动分配索引。可以把前一行代码注释掉，看一下这一行代码的作用，运行结果应该是一样的。

7. PHP 表单

在 PHP 表单中，重点学习 $_POST 和 $_GET。PHP 中的超全局变量 $_GET 和 $_POST 用于收集表单数据，具体实现如下。

- $_POST 变量用于收集来自 method="post" 表单的值。
- $_GET 变量用于收集来自 method="get" 表单的值。

本示例的代码包含服务器端代码和客户端代码。在客户端代码中有一个提交用户名和邮箱的表单，表单数据是通过 HTTP POST 方法发送的；服务器端用于接收表单数据，显示提交的用户名和邮件地址。

客户端代码（文件名为 Form.html）如下。

```html
<html>
<body>

<form action="welcome.php" method="post">
姓名: <input type="text" name="name"><br>
电邮: <input type="text" name="email"><br>
<input type="submit">
</form>

</body>
</html>
```

服务器端代码（文件名为 Welcome.php）如下。

```html
<html>
<body>

Welcome
<?php echo $_POST["name"]; ?>
<br>
Your email address is:
<?php echo $_POST["email"]; ?>

</body>
</html>
```

将服务器端代码和客户端代码都复制到 WAMP Server 安装目录的 WWW 文件夹下，打开浏览器，通过网址 http://localhost:8082/form.html 来访问，其中的端口号为安装 WAMP Server 安装目录时设置的端口号。

打开表单后，在表单中输入用户名和邮箱，单击"提交查询"按钮。表单数据会发送到名为"welcome.php"的 PHP 文件中进行处理。表单数据是通过 HTTP POST 方法发送的。关于表单的示例代码的运行结果如图 2-31 所示。

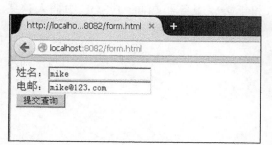

图 2-31　关于表单的示例代码的运行结果

8. 通过 PHP 访问 MySQL

这里主要通过在 PHP 中访问 MySQL 的示例来讲解一下使用过程。

首先介绍 MySQL 的 3 个语句。

1）连接到一个 MySQL 数据库

在能够访问并处理数据库中的数据之前，必须创建到数据库的连接。在 PHP 中，这个任务是通过 mysql_connect()函数来完成的。

语法如下。

```
mysql_connect(servername,username,password);
```

连接规则如图 2-32 所示。

参数	描述
servername	可选。规定要连接的服务器。默认值是 "localhost:3306"
username	可选。规定登录所使用的用户名。默认值是拥有服务器进程的用户的名称
password	可选。规定登录所用的密码。默认值是 ""

图 2-32 连接规则

2）关闭连接

脚本运行结束，就会关闭连接。如果要提前关闭连接，需要使用函数 mysql_close()。

3）执行一条 MySQL 查询

无论是执行 create 还是 select 命令，都必须使用 mysql_query() 函数。

以下例子通过打开连接创建了一个数据库。

```
mysql_query("CREATE DATABASE my_db",$con);
```

接下来在一个示例中应用这些语句。

在本示例中，通过前端表单页面输入了人名和年龄，服务器端向 MySQL 中插入这条数据。

客户端代码（文件名为 mysql.html）如下。

```html
<html>
<body>

<form action="insert.php" method="post">
Firstname: <input type="text" name="firstname">
<br>
Lastname:  <input type="text" name="lastname">
<br>
Age:       <input type="text" name="age">
<br>
<input type="submit">
</form>

</body>
</html>
```

服务器端代码（文件名为 insert.php）如下。

```
1   <html>
2   <head>
3   <title> this is a mysql instance</title>
4   </head>
5   <body>
6
7   <?php
8   $con = mysql_connect("localhost","root","");
9   if (!$con)
10    {
11    die('Could not connect: ' . mysql_error());
12    }
13
14  mysql_select_db("my_db", $con);
15  $sql="INSERT INTO Persons (FirstName, LastName, Age)
16  VALUES
17  ('$_POST[firstname]','$_POST[lastname]','$_POST[age]')";
18
19  if (!mysql_query($sql,$con))
20    {
21    die('Error: ' . mysql_error());
22    }
23  echo "1 record added";
24
25  mysql_close($con)
26  ?>
27  </body>
28  </html>
```

代码解析如下。

客户端代码非常容易理解，就不解释了，主要讲解服务器端的代码。

第 8 行代码创建了一个变量$con,存放的是 localhost 上的数据库连接,用户名是 root,密码为空。

第 9～12 行代码判断是否成功连接上 localhost 的数据库，如果没有连接成功，则使用 die()函数退出。die()函数代表执行函数中的内容，并退出当前脚本，该函数是 exit()函数的别名。mysql_error()返回上一个出错的 MySQL 操作返回的文本信息。

第 14 行代码选择了 MySQL 中一个名为 my_db 的数据库。要成功执行这条命令，必须事先在 MySQL 中建立一个数据库 my_db。

第 15～17 行代码创建了变量$sql，存放的是向 Persons 表中插入一条数据的结果。

插入 FirstName、LastName、Age 这 3 个字段的值，它们分别来自前端表单提交的 Firstname、Lastname 和 Age 的值。要成功执行这条命令，必须事先在 MySQL 的 my_db 数据库中建立一张 Persons 表，并且建立 3 个字段，它们是 Firstname、Lastname、Age，如图 2-33 所示。

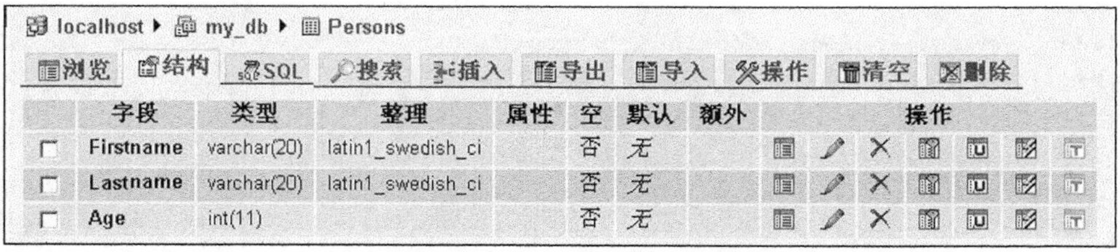

图 2-33　3 个字段为 Firstname、Lastname、Age

将服务器端代码和客户端代码都复制到 WAMP Server 安装目录的 WWW 文件夹下，打开浏览器，通过网址 http://localhost:8082/mysql.html 来访问，其中的端口号为安装 WAMP Server 时设置的端口号。

打开表单后，在表单中输入 Firstname、Lastname 和 Age，单击"提交查询"按钮。表单数据会发送到名为"insert.php"的 PHP 文件中进行处理。表单数据是通过 HTTP POST 方法发送的。

提交前的效果如图 2-34 所示。

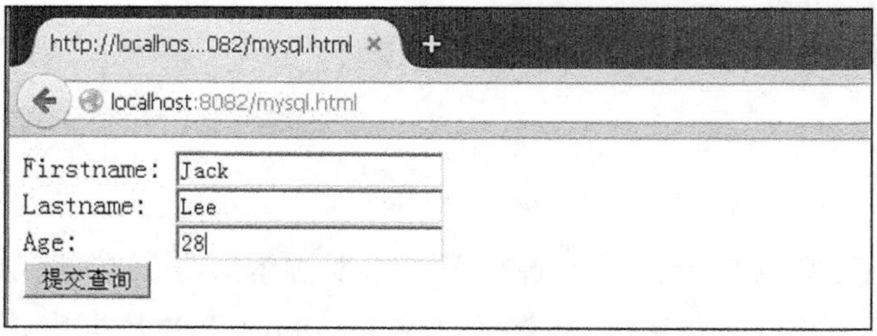

图 2-34　提交前的效果

提交后的效果如图 2-35 所示。

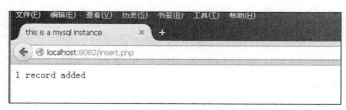

图 2-35　提交后的效果

此时在 MySQL 数据库中查看这条数据。要打开 MySQL 的控制台，单击 WAMP Server 图标，选择 MySQL→MySQL console，如图 2-36 所示。

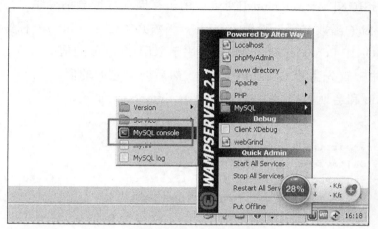

图 2-36 选择 MySQL→MySQL console

在控制台中的 Enter Password 处直接按 Enter 键，因为密码为空的。打开数据库 use my_db，查询 Persons 表中的内容，就会发现前端表单提交的一条数据，如图 2-37 所示。

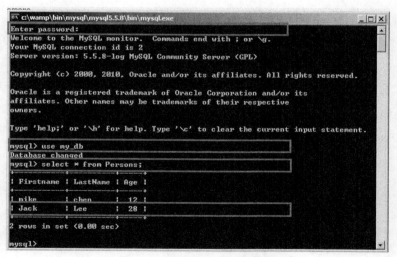

图 2-37 前端表单提交的数据

9. 通过 PHP 处理会话和 Cookie

Cookie 常用于识别用户，会话用于存储用户会话的有关信息，或更改用户会话的设置。会话变量保存的信息是单一用户的，并且可供应用程序中的所有页面使用。

这里先介绍几个函数和变量。

- session_start()函数：开始存储会话前，要启动会话，函数必须位于<html>标签之前。
- $_SESSION['session_name']变量：用于存储和取回会话变量。
- setcookie()函数：用于设置 Cookie，函数必须位于 <html> 标签之前。
- $_COOKIE ['cookie_name']变量：用于取回 Cookie 的值。

在本示例中，首先重置 Cookie 和会话，然后回显它们的值。

重置 Cookie 和会话的代码（文件名为 session.php）如下。

```
1   <?php
2     session_start();
3     $_SESSION['mysession']='This is my session.';
4     setcookie('mycookie','This is My first cookie.',time()+60,'/');
5     echo "Cookie and Session is Saved......";
6   ?>
7   <html>
8   <body>
9   <br>this is body.
10  </body>
11  </html>
```

代码解析如下。

第 3 行代码用于存储会话变量，其名为 mysession。会话的内容为 "This is my session."。

第 4 行代码用于存储 Cookie 变量，其名为 mycookie。Cookie 的内容为 "This is My first cookie." Cookie 的过期时间为 1min，它的存放路径为默认的根目录。

重置 Cookie 和会话后的结果如图 2-38 所示。

图 2-38　重置 Cookie 和会话后的结果

读取 Cookie 和会话的代码（文件名为 readSession.php）如下。

```
<html>
<body>
<?php
 session_start();
 echo'你的 Cookie 信息为'.$_COOKIE['mycookie'].'<br>';
 echo'你的 Session 信息为'.$_SESSION['mysession'].'<br>';
?>
</body>
</html>
```

读取 Cookie 和会话后的结果如图 2-39 所示。

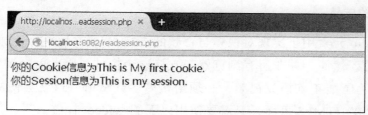

图 2-39　读取 Cookie 和会话后的结果

2.1.6　HTML5

1. HTML5 简介

HTML 是 WWW 上用于描述网页内容及数据的主要标记语言，现在的 HTML5 是此标记语言的最新版本。它包括新功能，对现有功能的改进以及基于脚本的 API。HTML5 兼容以前的所有版本，兼容所有旧版浏览器并可恰当地处理错误。

HTML5 的重要特性有以下几个。

- 具有用于绘画的 canvas 元素。
- 具有用于媒体回放的 video 和 audio 元素。
- 具有新的表单控件，如 calendar、date、time、email、url、search。
- 对本地离线存储有更好的支持。
- 具有新的特殊内容元素，如 article、footer、header、nav、section。

接下来，针对其中常用的特性讲解一下 HTML5 的应用。

2. HTML5 中的<!DOCTYPE>声明

<!DOCTYPE>声明不是 HTML 标签，它是告诉 Web 浏览器页面使用哪个 HTML 版本进行编写的指令。<!DOCTYPE>声明必须是 HTML 文档的第一行，位于<html>标签之前。

习惯上，一般都向 HTML 文档中添加<!DOCTYPE>声明，这样浏览器才能获知文档类型。

对比 HTML 4.01 的<!DOCTYPE>声明和 HTML5 中的声明，能立即明白升级到 HTML5 的好处。

以下是 HTML 4.01 中<!DOCTYPE>声明的写法，这是其中一种写法，共有 3 种写法。

```
<!DOCTYPE HTML PUBLIC "-//W3C//DTD HTML 4.01//EN" "***w3***/TR/html4/ strict.dtd">
```

HTML5 的写法只有一种，它简洁又明了。

```
<!DOCTYPE HTML>
```

3. 对视频的支持

video 和 audio 元素用于实现对视频与音频的支持。以前，大多数视频是通过插件（如 Flash）来显示的。然而，并非所有浏览器都支持这个插件，因此就需要使用<embed>和<object>标签。为了能正确播放视频，必须给很多参数赋值，这就会使媒体中的标签变得非常复杂。而在 HTML5 里面，只需要使用以下的<video>标签。

```
<!DOCTYPE HTML>
<html>
<body>
<video width="320" height="240" controls="controls">
<source src="haha.mp4" type="video/mp4">
Your browser does not support the video tag.
</video>
</body>
</html>
```

关于<video>标签的示例代码的运行结果如图 2-40 所示。

图 2-40   关于<video>标签的示例代码的运行结果

4. 对音频的支持

关于音频的示例代码如下。

```
<!DOCTYPE HTML>
<html>
<body>
<audio controls="controls">
<source src="chun.mp3" type="audio/mpeg">
Your browser does not support the audio element.
</audio>
</body>
</html>
```

关于音频的示例代码的运行结果如图 2-41 所示。

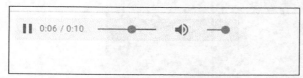

图 2-41　关于音频的示例代码的运行结果

5. HTML5 中的画布

HTML5 中的 canvas 元素使用 JavaScript 在网页上绘制图像。画布是一个矩形区域，可以控制每一个像素。Canvas 元素拥有多种绘制路径、矩形、圆形、字符以及添加图像的方法。

需要注意的是，canvas 元素本身是没有绘图能力的，所有的绘制工作必须在 JavaScript 内部完成。因此，要使用 canvas 元素，必须同时有一段 JavaScript 语言。

关于画布的示例代码如下。

```
1   <!DOCTYPE HTML>
2   <html>
3   <body>
4
5   <canvas id="demo" width="500" height="400"></canvas>
6
7   <script type="text/javascript">
8   var c=document.getElementById("demo");
9   var cxt=c.getContext("2d");
10  cxt.fillStyle="black";
```

```
11 cxt.fillRect(0,0,400,300);
12 </script>
13
14 </body>
15 </html>
```

运行结果如图 2-42 所示。

代码解析如下。

（1）使用画布的第一步是在页面添加一个 canvas 元素。第 5 行代码用于在页面中添加 canvas 元素。注意，<canvas>标签必须位于<script>标签之前。

（2）在<canvas>标签中 width="500"和 height="400"属性代表画布的大小。

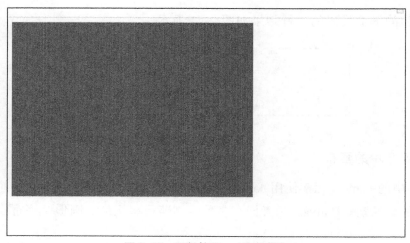

图 2-42　运行结果——黑色幕布

（3）在<canvas>标签中，还有一个 id 属性。它用<script>标签中的 getElementById（"demo"）语句来获取 canvas 元素。由于画布是没有默认样式的，因此除非用 CSS 添加一个边框，否则眼睛是看不到它的位置的。

（4）要在画布中绘制一个图形，第二步就是编写一段<script>代码。在<script></script>标签中的代码用于画图。

（5）第 9 行代码用于创建上下文对象。getContext（"2d"）对象是 HTML5 的内置对象，拥有多种绘制路径、矩形、圆形、字符以及添加图像的方法。

（6）第 10 行和第 11 行代码用于在画布中画一个 400×300 的矩形，位置从坐标（0, 0）开始，并且把矩形涂成黑色。

6. HTML5 中的表单

HTML5 中的表单引入了新的表单元素、输入类型、属性和其他功能。其中的一些功能可能已经在 HTML 的表单中实现了，但原来的实现方式是需要通过 JavaScript 来完成的，现在使用的 HTML5 表单，只需要在标签中设置属性就能完成，大大方便了网页的开发。

1）输入类型——email

email 类型用于包含 email 地址的输入框。在提交表单时，系统会自动验证 email 字段的值。主要验证有没有@符号。如果使用 iOS 设备来访问，那么当输入光标位于 email 的输入框中时，iOS 会在弹出的输入法窗口中显示一个@符号，以便用户输入。

在本示例中需要分别编写客户端代码和服务器端代码。

客户端代码如下。

```
<!DOCTYPE HTML>
<html>
<body>

<form action="welcome.php" method="post">
姓名<input type="text" name="name"><br>
邮箱<input type="email" name="email"><br>
<input type="submit">
</form>

</body>
</html>
```

服务器端代码如下。

```
<html>
<body>

Welcome
<?php echo $_POST["name"]; ?>
<br>
Your email address is:
<?php echo $_POST["email"]; ?>

</body>
</html>
```

　　运行结果如图 2-43 所示。若在 email 框中输入了非法的 email 字段，页面会出现提醒信息。

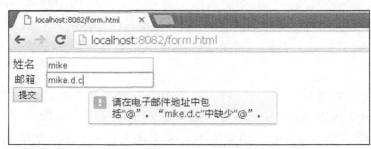

图 2-43　关于 email 格式的提醒信息

　　对比之前 PHP 语言中的表单内容，虽然页面上"邮箱"部分都是文本的输入字段，但背后的逻辑是不一样的。两者的代码仅相差一个单词，原始的 HTML 如果需要对 email 格式进行校验，就必须另外写 JavaScript 代码来实现。而在 HTML5 中，仅用 type="email" 就可以方便地实现校验，如图 2-44 所示。

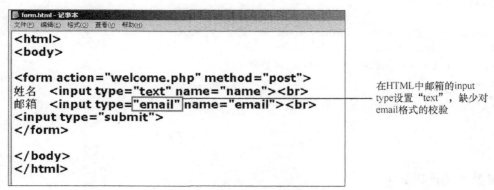

图 2-44　在 HTML5 中可以方便地实现校验

　　2）输入类型——URL

　　URL 类型用于包含 URL 地址的输入框。在提交表单时，系统会自动验证 URL 字段的值。主要验证网址前面有没有 http://之类的符号。如果使用 iOS 设备来访问，那么当输入光标位于 URL 的输入框中时，iOS 会在弹出的输入法窗口中显示一个正斜杠（/）或者.com，以便用户输入。

　　在本示例中需要分别编写客户端代码和服务器端代码。

　　客户端代码如下。

```
<!DOCTYPE HTML>
<html>
<body>

<form action="welcome.php" method="post">
姓名<input type="text" name="name"><br>
主页<input type="url" name="url"><br>
<input type="submit">
</form>

</body>
</html>
```

服务器端代码如下。

```
<html>
<body>

Welcome
<?php echo $_POST["name"]; ?>
<br>
Your homepage is:
<?php echo $_POST["url"]; ?>

</body>
</html>
```

关于 URL 的示例代码的运行结果如图 2-45 所示。

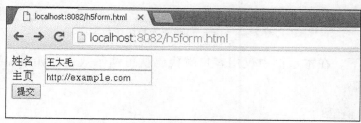

图 2-45　关于 URL 的示例代码的运行结果

提交后的效果如图 2-46 所示。

若输入了不符合要求的网址（如缺少"http://"），则在提交时会给出提示信息，如图 2-47 所示。

图 2-46 提交后的效果

图 2-47 当缺少 "http://" 时的提示

3）输入类型——number

number 类型用于包含数值的输入框。number 类型还能够对所接受的数字进行限定（见图 2-48）。

属性	值	描述
max	*number*	规定允许的最大值
min	*number*	规定允许的最小值
step	*number*	规定合法的数字间隔（如果 step="3"，则合法的数是 -3、0、3、6 等）
value	*number*	规定默认值

图 2-48 使用 number 类型限定数字

示例代码如下。在本示例中仅用客户端代码就可演示效果。如果需要提交，可自行编写服务器端代码。

```
1  <!DOCTYPE HTML>
2  <html>
3  <body>
4
5  <form>
6  <input type="number" name="points" min="0" max="10" step="3" value="6" />
7  <input type="submit" />
8  </form>
```

```
9
10 </body>
11 </html>
```

代码解析如下。

从第 6 行代码可知，输入框的类型是 number，最小值是 0，最大值是 10，递增的步长为 3。也就是说，这个输入框只能接受 0、3、6、9 这 4 个数值。在输入框默认打开时存在的数值是 6。

因为本示例中没有编写服务器代码，所以如果填入了 0、3、6、9 等符合规则的数字，单击"提交"按钮后，就会在界面上的输入框中出现 6，这和刚打开时是一样的，代表已经提交成功。如果填写了不符合规范的数字（如 2、4、8、10），就会出现不同的提示（见图 2-49）。建议分别尝试输入不同的测试数据。

图 2-49　其他不同提示

4）输入类型——range 滑块

range 类型用于一定范围内数字值的输入域。具体显示为滑块，它在使用时还能够对所接受的数字进行限定。

示例代码如下。

```
1  <!DOCTYPE HTML>
2  <html>
3  <body>
4
5  <form>
6  Points: <input id="rangeField" type="range"
7  name="rangeField" min="1" max="10" />
8  </form>
9
10 <input class="btn btn-primary" type="button" value="单击查看 Range 的值"
11 onclick="alert(document.getElementById('rangeField').value);">
12
13 </body>
14 </html>
```

代码解析如下。

在第 6~7 行代码中，type="range"代表输入框的类型是滑块。min="1"和max="10"分别表示滑块的最小值为 1，最大值为 10。如果不指定范围，则默认滑块的长度就是 100。

关于滑块的示例代码的运行结果如图 2-50 所示。

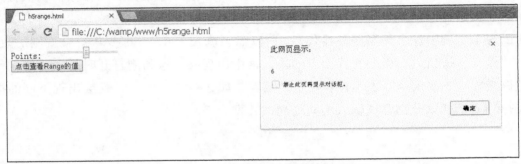

图 2-50　关于滑块的示例代码的运行结果

5）输入类型——日期选择器

HTML5 拥有多个可选取日期和时间的新输入类型：

- date——选取日、月、年；
- month——选取月、年；
- week——选取周和年；
- time——选取时间（小时和分钟）；
- datetime——选取时间、日、月、年（UTC 时间）；
- datetime-local——选取时间、日、月、年（本地时间）。

示例代码如下。

```
<!DOCTYPE HTML>
<html>
<body>

<form>
Date: <input type="date" name="user_date" />
</form>


</body>
</html>
```

关于日期选择器的示例代码的运行结果如图 2-51 所示。

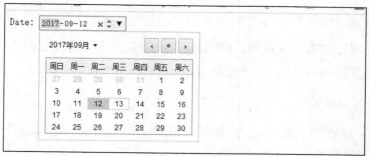

图 2-51 关于日期选择器的示例代码的运行结果

2.2 jQuery

jQuery 是一个 JavaScript 库，简化了 JavaScript 编程。它的主要作用就是选取 HTML 元素，并且对元素执行某些操作。

2.2.1 jQuery 的部署

首先，下载 jQuery 库——jquery.js。jQuery 库是一个 JavaScript 文件，使用 HTML 中的 <script>标签来引用它。然后，部署 jQuery 库所在的目录。如果 jquery.js 放置的位置和 HTML 文件在同一个目录下，那么在 src=后面可以不写任何路径；否则，就要用相对路径来表达。

```
<head>
<script src="jquery.js"></script>
</head>
```

注意，<script> 标签应该位于页面的<head>部分。

图 2-52 展示了一段关于 jQuery 的示例代码，主要目的是让读者先对 jQuery 有一个整体的了解。通常会把 jQuery 代码放到<head>部分中进行事件处理。

```
<html>
<head>
<script type="text/javascript" src="jquery.js"></script>
<script type="text/javascript">
$(document).ready(function(){
  $("button").click(function(){
    $("p").hide();
  });
});
</script>
</head>

<body>
```

图 2-52 关于 jQuery 的示例代码

2.2.2　jQuery 语法

通过 jQuery 可以选取（或查询，即 query）HTML 元素，并对它们执行"操作"。这句话形象地描述了 jQuery 的语法。下面是 jQuery 中语法的基本格式。

```
$(selector).action()
```

其中，美元符号定义了 jQuery；选择符（selector）负责查询和查找 HTML 元素；jQuery 的 action()对元素执行操作。

示例代码如下。

```
$("#test").hide() —— 隐藏所有 id="test" 的元素
```

2.2.3　jQuery 选择器

jQuery 选择器允许通过标签名、属性名或内容对 HTML 元素进行选择，并且能对 HTML 元素组或单个元素进行操作。

在 jQuery 中，有以下 3 种常用选择器。

- 元素选择器

例如，$("p#demo")选取所有 id="demo"的<p>元素。

- 属性选择器

例如，$("[href]")选取所有带 href 属性的元素。

- CSS ID 选择器

例如，$("p").css("background-color", "red")把所有 p 元素的背景颜色更改为红色。

2.2.4　jQuery 事件方法

jQuery 事件方法会触发匹配元素的事件，或将元素绑定到所有匹配元素的某个事件上。常用的事件方法如图 2-53 所示。

事件方法	描述
$(document).ready(function)	将函数绑定到文档的就绪事件（当文档完成加载时）
$(selector).click(function)	触发或将函数绑定到被选元素的单击事件
$(selector).dblclick(function)	触发或将函数绑定到被选元素的双击事件
$(selector).focus(function)	触发或将函数绑定到被选元素的焦点事件
$(selector).mouseover(function)	触发或将函数绑定到被选元素的鼠标悬停事件

图 2-53　常用的事件方法

2.2.5 元素选择器

关于元素选择器的示例代码如下（消失的按钮.html）。

```html
<html>
<head>
<script type="text/javascript" src="jquery.js"></script>
<!--在 HTML5 中，可以不加 type="text/javascript"，JavaScript 是 HTML5 以及所有现代浏
览器中默认的脚本语言！-->
<script type="text/javascript">
$(document).ready(function(){
  $("button").click(function(){
  $(this).hide();
});
});
</script>
</head>


<body>
<p><button type="button">单击,按钮就消失了！</button></p>
</body>

</html>
```

以上代码中的所有 jQuery 函数位于一个文件就绪（document ready）函数中。

```js
$(document).ready(function(){});
```

这行代码用于防止文档在完全加载（就绪）之前运行 jQuery 代码。如果不用这个函数，就会获得未完全加载的图像，接下来要隐藏一个按钮，但是这个按钮还没有加载完毕，就会导致按钮看起来比较奇怪。

$(this)可选择当前 HTML 元素。

2.2.6 属性选择器

关于属性选择器的示例代码如下（.html）。

```html
<html>
<head>
<script type="text/javascript" src="jquery.js"></script>
<!--在 HTML5 中，可以不加 type="text/javascript"，JavaScript 是 HTML5 以及所有现代浏
览器中默认的脚本语言！-->
```

```
<script type="text/javascript">
$(document).ready(function(){
  $("button").click(function(){
  $(this).hide();
});
});
</script>
<script type="text/javascript">
$(document).ready(function(){
  $("[type='button1']").click(function(){
  $(this).hide();
  alert("");
});
});
</script>
</head>

<body>
<p><button type="button">单击,按钮就消失了！</button></p>
<p><button type="button">再次单击，按钮也没了！</button></p>
<button type="button1">不要单击！</button>
</body>

</html>
```

2.2.7　CSS ID 选择器

本节简单介绍 CSS ID 选择器，以及带不同参数的 fadeOut()方法。fadeOut()方法的作用是逐渐改变被选元素的不透明度，从可见到隐藏（褪色效果）。

关于 CSS ID 选择器的示例代码如下（冰激凌化了.html）。

```
<!DOCTYPE html>
<html>
<head>
<script src="jquery.js"></script>
<script type="text/javascript">
$(document).ready(function(){
  $("button").click(function(){
    $("#img1").fadeOut();
    $("#img2").fadeOut("slow");
    $("#img3").fadeOut(3000);
  });
```

```
});
</script>
</head>

<body>
<button><img src="pic/t.png" /></button>
<font face="华文彩云" color="orange" size="8">太热了，冰激凌都要化了</font>
<br><br>
<img id="img1" src="pic/b1.png" />
<img id="img2" src="pic/b2.png" />
<img id="img3" src="pic/b3.png" />
</body>

</html>
```

代码中所用图片如图 2-54 所示。

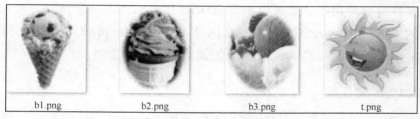

图 2-54　代码中用的图片

AJAX

本节主要讲解 jQuery 异步 JavaScript 和 XML（Asynchronous JavaScript and XML，AJAX）。

AJAX 不是新的编程语言，而是一种使用现有标准的新方法。它的作用是在不重新加载整个页面的情况下，与服务器交换数据并更新部分网页。

2.3.1　AJAX 的工作原理

通过 AJAX，能够使用 HTTP GET 和 HTTP POST 从远程服务器上请求文本、HTML、XML 或 JSON，同时能够把这些外部数据直接载入网页的被选元素中。简单来说，AJAX 的主要作用就是发出请求和响应请求。

AJAX 的工作过程如下。

（1）客户端使用 AJAX 技术向服务器发出一个请求。

（2）服务器端接受请求，处理完毕后，返回一个纯文本流。

（3）客户端异步获取这个结果后，不是直接显示在页面上，而是先由 JavaScript 来处理，然后再显示在页面上。

2.3.2　两种实现 AJAX 的常用方式

- 通过原生 JavaScript 实现 AJAX

利用 XMLHttpRequest（XHR）对象向服务器发送异步请求，从服务器获得数据，然后用 JavaScript 来操作 DOM，最终更新页面。

- 通过 jQuery 实现 AJAX

编写原生的 AJAX 代码并不容易，因为不同的浏览器对 AJAX 的实现并不相同。这意味着必须编写额外的代码以对浏览器进行测试。不过，jQuery 团队解决了这个难题，我们只需要一行简单的代码，就可以实现 AJAX。

jQuery 封装了原生的 AJAX 代码，简化了 XMLHttpRequest 的使用，在兼容性和易用性方面都得到了很大的提高，让 AJAX 的调用变得非常简单。

2.3.3　jQuery load()方法

jQuery load()方法是简单且强大的 AJAX 方法。这种方法从服务器上加载数据，并把返回的数据放入被选元素中。

该方法的语法如下。

```
$(selector).load(URL,data,callback);
```

相关解释如下所示。

- 必选的 URL 参数规定希望加载的 URL。
- 可选的 data 参数规定与请求一同发送的查询字符串键/值对集合。
- 可选的 callback 参数是 load()方法完成后所执行函数的名称。

按以下步骤操作。

（1）准备两个文件。一个是用来访问的 HTML 文件（ajax_load.html），另一个是用来模拟服务器端返回信息的 txt 文件（ajax_load.txt）。

（2）ajax_load.html 的代码如下。

```
<!DOCTYPE html>
<html>
```

```
<head>
<script src="/jquery/jquery.js">
</script>
<script>
$(document).ready(function(){
  $("#btn1").click(function(){
    $('#test').load('ajax_load.txt');
  })
})
</script>
</head>

<body>

<h3 id="test">请单击下面的按钮，通过 jQuery AJAX 改变这段文本。</h3>
<button id="btn1" type="button">获得外部内容</button>

</body>
</html>
```

（3）ajax_load.txt 的内容如图 2-55 所示。

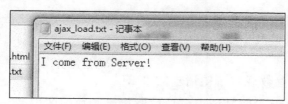

图 2-55　文本内容

（4）将两个文件都保存到 WAMP Server 安装目录下的 WWW 文件夹下，并通过浏览器访问。特别要注意的是，jquery.js 文件也要放到 WWW 文件夹下。在本示例中放在了 /www/jquery/jquery.js 目录下。

单击"获得外部的内容"按钮前的效果如图 2-56 所示。

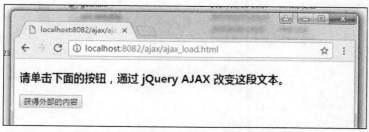

图 2-56　单击"获得外部的内容"前的效果

单击"获得外部的内容"按钮后的效果如图 2-57 所示。

图 2-57　单击"获得外部的内容"按钮后的效果

2.3.4　jQuery get()方法

前面提到，GET 用于从指定的资源中请求数据，POST 用于向指定的资源提交要处理的数据。

GET 基本上用于从服务器端获得（取回）数据。需要注意的是，GET 方法可能返回缓存数据。

POST 也可用于从服务器端获取数据。不过，POST 方法不会缓存数据，并且常连同请求一起发送数据。

$.get()方法通过 HTTP GET 请求从服务器上请求数据，其语法如下。

```
$.get(URL,callback);
```

- 必选的 URL 参数规定希望请求的 URL。
- 可选的 callback 参数是请求成功后所执行函数的名称。

按以下步骤操作。

（1）准备两个文件。一个是用来访问的 HTML 文件（get.html），另一个是用来模拟服务器端返回信息的 PHP 文件（get_test.php）。

（2）get.html 的代码如下。

```
<!DOCTYPE html>
<html>
<head>
<script src="/jquery/jquery.js">
</script>
<script>
$(document).ready(function(){
    $("button").click(function(){
        $.get("get_test.php",function(data,status){
```

```
                    alert("数据: " + data + "\n状态: " + status);
            });
        });
});
</script>
</head>
<body>

<button>发送一个 HTTP GET 请求并获取返回结果</button>

</body>
</html>
```

关于代码的解释如下。在 $.get("get_test.php",function(data,status) 中，第 1 个参数是请求的服务器端的 URL，第 2 个参数是回调函数。请求完成时，系统自动会将请求的结果、状态、XMLHttpRequest 对象传递给该函数。

（3）get_test.php 的代码如下。

```
<?php
echo 'I come from server PHP!';
?>
```

（4）运行结果如图 2-58 所示。

图 2-58　运行结果

2.3.5　jQuery post()方法

$.post()方法通过 HTTP POST 请求从服务器上请求数据，其语法如下。

```
$.post(URL,data,callback);
```

- 必选的 URL 参数规定希望请求的 URL。
- 可选的 data 参数规定连同请求发送的数据。
- 可选的 callback 参数是请求成功后所执行函数的名称。

按以下步骤操作。

（1）准备两个文件。一个是用来访问的 HTML 文件（post.html），另一个是用来模拟服务器端返回信息的 PHP 文件（post_test.php）。

（2）post.html 的代码如下。

```
<!DOCTYPE html>
<html>
<head>
<script src="/jquery/jquery.js">
</script>
<script>
$(document).ready(function(){
    $("button").click(function(){
        $.post("post_test.php",{
            name:"51Testing",
            url:"http://www.51Testing.com"
        },
        function(data,status){
            alert("数据: \n" + data + "\n状态: \n" + status);
        });
    });
});
</script>
</head>
<body>

<button>发送一个 HTTP POST 请求页面并获取返回的内容</button>

</body>
</html>
```

（3）post_test.php 的代码如下。

```
<?php
$name = isset($_POST['name']) ? htmlspecialchars($_POST['name']) : '';
```

```
$city = isset($_POST['url']) ? htmlspecialchars($_POST['url']) : '';
echo 'Your name: ' .$name;
echo "\n";
echo 'URL Address: ' .$city;
?>
```

（4）运行结果如图 2-59 所示。

图 2-59 运行结果

第 3 章　高级 Web 开发技术

3.1　Servlet

3.1.1　Servlet 简介

Java Servlet 是运行在 Web 服务器或应用服务器上的程序，作为来自 Web 浏览器的请求和 HTTP 服务器上的数据库或应用程序之间的中间层。

在图 3-1 中可以确定 Servlet 在网络架构中的位置。

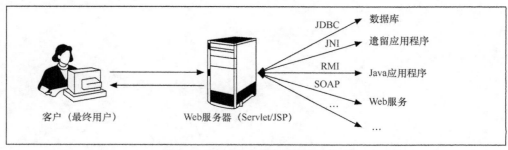

图 3-1　Servlet 在网络架构中的位置

使用 Servlet 可以收集来自网页表单的用户输入，呈现来自数据库或者其他源的记录，还可以动态创建网页。

Servlet 有以下几点优势。

- 性能更好。
- Servlet 在 Web 服务器的地址空间内执行，这样它就没有必要再创建一个单独的进程来处理每个客户端请求。
- Servlet 是独立于平台的，因为它们是用 Java 编写的。

- 由于服务器上的 Java 安全管理器具有一系列限制，以保护服务器计算机上的资源，因此 Servlet 是可信的。
- Java类库的全部功能对于Servlet来说都是可用的，Servlet可以通过套接字和RMI机制与 Applet、数据库或其他软件进行交互。

3.1.2 Servlet 的生命周期

讲述 Servlet 的生命周期（见图 3-2）的主要目的是使读者能够理解 Servlet 代码的结构以及运行过程。

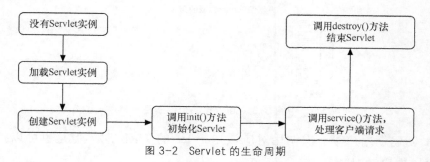

图 3-2 Servlet 的生命周期

通过图 3-2 可知，Servlet 的生命周期为从创建直到毁灭的整个过程。其中主要包含以下几个过程。

- Servlet 通过调用 init()方法进行初始化。
- Servlet 调用 service()方法来处理客户端请求。
- Servlet 通过调用 destroy()方法终止（结束）。

Servlet 是由 JVM 的垃圾回收器进行回收的。

Servlet 的工作过程如图 3-3 所示。

在图 3-3 中可观察到以下几点。

- 第一个到达服务器的 HTTP 请求被委派到 Servlet 容器。
- Servlet 容器在调用 service()方法之前加载 Servlet。
- Servlet 容器处理由多个线程产生的多个请求，每个线程执行单个 Servlet 实例的 service()方法。

接下来详细讲述一下上述过程中所做的工作。

1. init()方法

init()方法只调用一次。它在第一次创建 Servlet 时调用，在后续的每次用户请求中不再调用，仅用于一次性初始化。

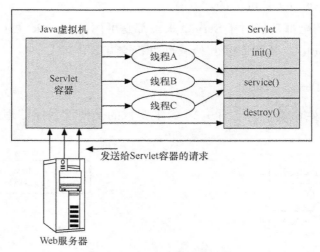

图 3-3　Servlet 的工作过程

Servlet 创建于用户第一次调用对应该 Servlet 的 URL 时，但是也可以指定 Servlet 在服务器第一次启动时加载。

当用户调用一个 Servlet 时，就会创建一个 Servlet 实例。每一个用户请求都会产生一个新线程，适当的时候将其移交给 doGet 或 doPost 方法。init()方法可简单地创建或加载一些数据，这些数据将作用于 Servlet 的整个生命周期。

init()方法的定义如下。

```
public void init() throws ServletException {
  // 初始化代码
}
```

2. service()方法

service()方法是执行实际任务的主要方法。Servlet 容器（Tomcat）调用 service()方法来处理来自客户端（浏览器）的请求，并把已格式化的响应写回客户端。

每次服务器接收到一个 Servlet 请求时，它都会产生一个新的线程并调用服务。service()方法检查 HTTP 请求类型（GET、POST、PUT、DELETE 等），并在适当的时候调用 doGet、doPost、doPut 和 doDelete 等方法。

service()方法的定义如下。

```
public void service(ServletRequest request,
                    ServletResponse response)
    throws ServletException, IOException{

}
```

3. doGet()方法

service()方法会在适当的时候调用 doGet、doPost、doPut、doDelete 等方法，所以在代码中不用对 service()方法执行任何操作，只需要根据客户端的请求类型重写 doGet()或 doPost()即可。

GET 请求来自 URL 的正常请求，或者来自未指定 METHOD 的 HTML 表单，它由 doGet()方法来处理。

doGet()方法的定义如下。

```
public void doGet(HttpServletRequest request,
                  HttpServletResponse response)
    throws ServletException, IOException {
    // Servlet 代码
}
```

4. doPost()方法

POST 请求来自一个专门指定 METHOD 为 POST 的 HTML 表单，它由 doPost()方法来处理。

doPost()方法的定义如下。

```
public void doPost(HttpServletRequest request,
                   HttpServletResponse response)
    throws ServletException, IOException {
    // Servlet 代码
}
```

5. destroy()方法

destroy()方法只会调用一次，并且是在 Servlet 的生命周期结束时调用。destroy()方法可以让 Servlet 关闭数据库连接，停止后台线程，把 Cookie 列表或单击计数器写入磁盘，并执行其他类似的清理活动。

在调用 destroy()方法之后，Servlet 对象被标记为垃圾回收。

destroy()方法的定义如下所示。

```
public void destroy() {
    // 终止代码
  }
```

3.1.3　搭建 Servlet 的环境

首先准备软件 Eclipse、Tomcat、JDK。这些软件的安装过程非常简单，就不在这里详细描述了。本节主要讲解 Servlet 环境的配置过程。

1. 配置 Java 的环境变量

安装完 JDK 后，需要配置环境变量。在 JDK1.5 及以后版本中，只需要配置环境变量 Path，即增加 JDK 安装路径下的\bin 目录，如图 3-4 所示。

图 3-4　添加环境变量

2. 配置 Servlet 的环境变量

因为 Servlet 不是 Java 平台标准版的组成部分，所以需要为编译器指定 Servlet 类。在环境变量中，新建 CATALINA_HOME 变量，如图 3-5 所示。

在 CLASSPATH 环境变量后添加的内容如下所示。

```
%CATALINA%\lib\servlet-api.jar;%CLASSPATH%
```

添加的 CLASSPATH 环境变量如图 3-6 所示。

图 3-5 新建 CATALINA_HOME 环境变量

图 3-6 添加的 CLASSPATH 环境变量

最后在 Path 环境变量中添加以下内容。

```
%CATALINA_HOME%\bin;
```

添加的 Path 环境变量如图 3-7 所示。

3. 配置 Eclipse

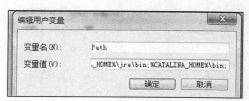

图 3-7 添加的 Path 环境变量

打开 Eclipse，在菜单栏中选择 Windows→Preferences，弹出的 Preferences 窗口如图 3-8 所示。

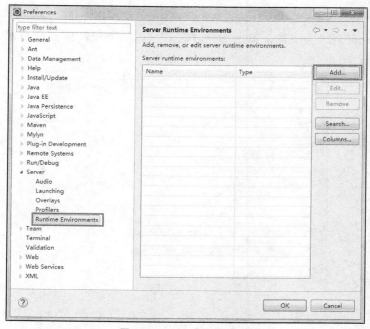

图 3-8 Preferences 窗口

在图 3-8 中，单击 Add 按钮，弹出的 New Server Runtime Environment 窗口如图 3-9 所示。

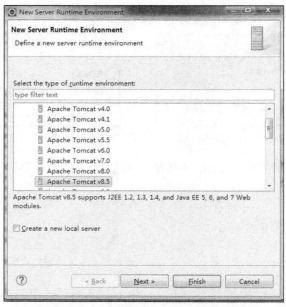

图 3-9　New Server Runtime Environment 窗口

在中间的选项区域中，选择对应的 Tomcat 版本，若之前安装的 Tomcat 是 8.5 版本，就选择 Apache Tomcat v8.5。接着，单击 Next 按钮，选择 Tomcat 的安装目录，并选择安装的 Java 环境，如图 3-10 所示。

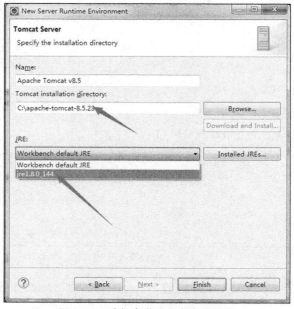

图 3-10　选择安装目录和安装环境

单击 Finish 按钮，完成配置。

3.1.4 Servlet 的运行原理

本节主要介绍 Servlet 和 Tomcat 的关系。

在 Servlet 中，要把代码加载到 Servlet 容器中并运行，这个容器就是 Tomcat。

当 Tomcat 收到客户端的请求以后，由一个 Servlet 来处理，可以根据 web.xml 文件来找具体的 Servlet。图 3-11 展示了 Servlet 的工作原理。

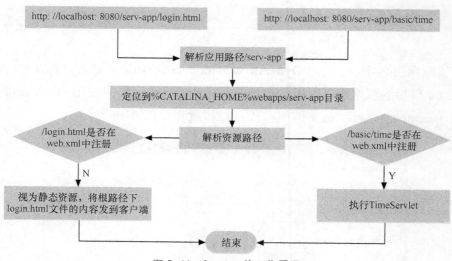

图 3-11 Servlet 的工作原理

当 Web 服务器收到一个请求时，它会先判断请求内容的性质是动态还是静态的。若为静态的，则由 Web 服务器直接处理，并产生响应信息；若为动态的，则 Web 服务器将请求转交给 Servlet 容器，容器找到该 Servlet 实例并进行处理，把结果送回 Web 服务器，再传回客户端。

3.1.5 Servlet 的 Hello World

相对于之前的 HTML 编程、JavaScript 编程，Servlet 编程还是稍难一些的，这里也以 Hello World 为例来讲述 Servlet 编程。

要创建 Servlet 的 Hello World，具体步骤如下。

（1）在 Eclipse 中，新建一个 Dynamic Web Project，如图 3-12 所示。

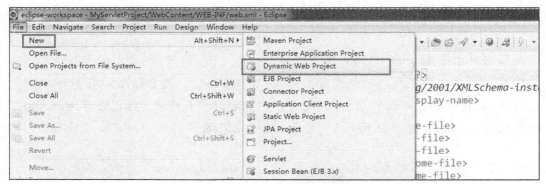

图 3-12　新建一个 Dynamic Web Project

（2）填写项目名字，注意，Dynamic web module version 要选择 3.0 以上的版本。因为 Servlet 3.0 以后的版本中可以用注解代替 web.xml 文件，所以在 Hello World 中不需要详细解释 web.xml，并且可把实例简单化。操作过程如图 3-13 所示。

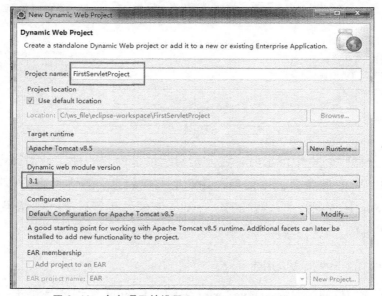

图 3-13　命名项目并设置 Dynamic web module version

（3）对于代码保存路径，保持默认设置，直接单击 Next 按钮，如图 3-14 所示。

（4）对于 Web Module 的配置，也保持默认值。勾选 Generate web.xml deployment descriptor 复选框表示要生成 web.xml 文件。对于 Servlet 3.0 以上的版本，不勾选也是可以的。直接单击 Finish 按钮即可，如图 3-15 所示。

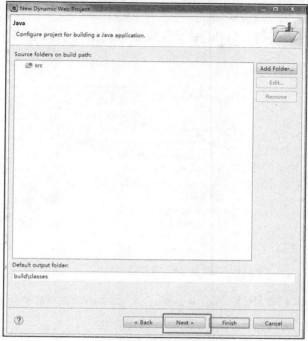

图 3-14　选择默认路径

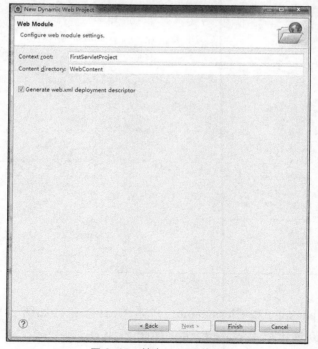

图 3-15　单击 Finish 按钮

（5）返回 Project Explorer，查看项目树的结构，如图 3-16 所示。其中，Deployment Descriptor 表示部署的描述符；build 用于存放编译之后的文件；WebContent 用于存放写入的页面。

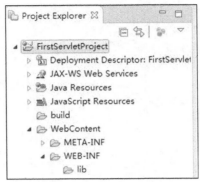

图 3-16　项目树的结构

（6）要创建 Servlet 的 Hello World 代码，右击 FirstServlet Project，从上下文菜单中选择 New→Servlet，如图 3-17 所示。

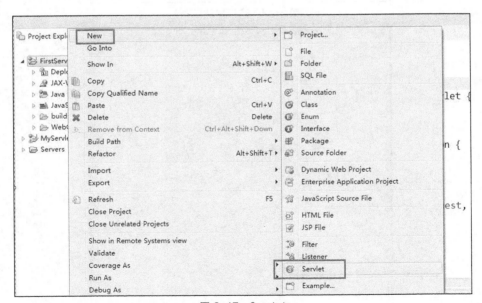

图 3-17　Servlet

（7）设置 Java package 和 Class name，单击 Next 按钮，如图 3-18 所示。

（8）保持默认设置，单击 Next 按钮，如图 3-19 所示。

（9）仅勾选 init、doGet 复选框，单击 Finish 按钮，完成创建，如图 3-20 所示。

图 3-18　设置 Java package 和 Class name

图 3-19　保持默认设置

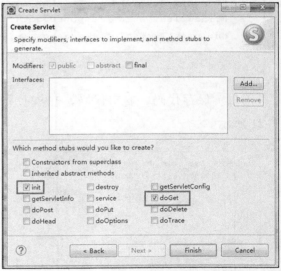

图 3-20　完成创建

（10）重写 init()和 doGet()方法，代码如下。

```java
package ver.son.fsproject;

import java.io.IOException;
import java.io.PrintWriter;
import javax.servlet.ServletConfig;
```

```java
import javax.servlet.ServletException;
import javax.servlet.annotation.WebServlet;
import javax.servlet.http.HttpServlet;
import javax.servlet.http.HttpServletRequest;
import javax.servlet.http.HttpServletResponse;

@WebServlet("/HelloWorld")
public class c1 extends HttpServlet {
 private static final long serialVersionUID = 1L;
 private String message;

 public void init(ServletConfig config) throws ServletException {
     message = "Hello World";
 }

protected void doGet(HttpServletRequest request, HttpServletResponse response)
throws ServletException, IOException {
    response.setContentType("text/html");
    PrintWriter out = response.getWriter();
    out.println("<h1>" + message + "</h1>");
 }
}
```

（11）保存代码，右击代码，并从上下文菜单中选择 Run As→Run on Server，如图 3-21 所示。

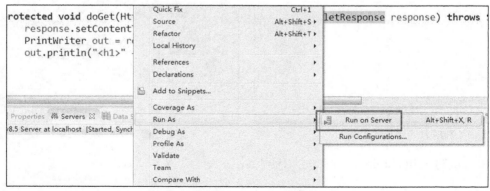

图 3-21　选择 Run As→Run on Server

（12）因为之前已经配置好了 Tomcat，所以在弹出的窗口中直接单击 Finish 按钮，如图 3-22 所示。

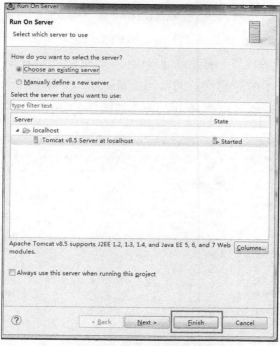

图 3-22 单击 Finish 按钮

（13）运行代码之后，就会看到启动了一个内置的浏览器，显示 Hello World，如图 3-23
所示。

图 3-23 显示 Hello World

关于代码的解释如下所示。

- 在 init()方法中，创建一个 Servlet 实例，执行的实际操作是为变量 message
  赋值 "Hello World"。
- 调用 doGet()方法处理 GET 请求，response.setContentType（"text/html"）
  表示响应的类型。

- `out.println("<h1>" + message + "</h1>")`用于输出 Hello World。
- `private static final long serialVersionUID = 1L` 是 Eclipse 中关于错误/警告的设置，它相当于 Java 类的身份证，主要用于版本控制以及在序列化时保持版本的兼容性。对于 Serializable class without serialVersionUID，可以选择 Warning 也可以选择 Ignore，如图 3-24 所示。

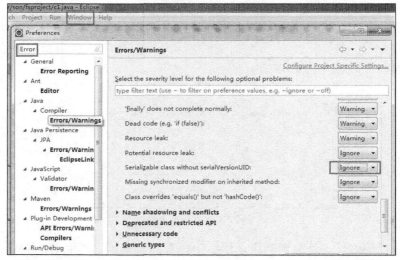

图 3-24 Eclipse 中 Serializable class without serialVersionUID 的设置

3.1.6 web.xml 文件和注解方式

作为 Java EE 6 规范体系中的一员，Servlet 3.0 随着 Java EE 6 规范一起发布。该版本在前一版本（Servlet 2.5）的基础上提供了若干新特性以简化 Web 应用的开发和部署。其中，新增的注解可用于简化 Servlet、过滤器（filter）和监听器（listener）的声明，这使得 web.xml 文件从该版本开始不再是必选的了。

因为之前的入门示例是采用 Servlet 3.0 以上版本开发的，所以直接采用了注解方式。如果是用 3.0 以下的版本开发的，那么就需要编写 web.xml。

1. web.xml 文件

先从传统的 web.xml 文件说起，可以先创建一个 3.0 以下版本的 Servlet 项目，借此观察 web.xml 的结构。

（1）在 Eclipse 中，新建一个 Dynamic Web Project。注意，在 Dynamic web module version 中，选择 2.5 版本，如图 3-25 所示。

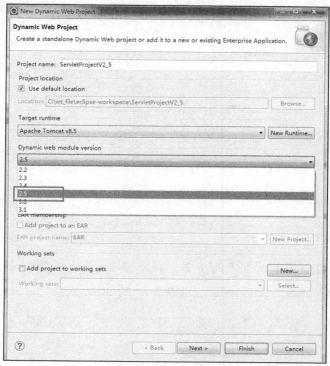

图 3-25　选择 2.5 版本

（2）在中间的一些步骤中都采用默认设置。而在图 3-26 所示的窗口中，一定要勾选 Generate web.xml deployment descriptor 复选框。最后单击 Finish 按钮，完成创建。

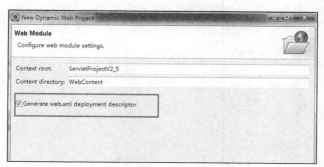

图 3-26　勾选 Generate web.xml deployment descriptor 复选框

（3）查看项目的结构，可发现在 WEB-INF 目录下生成了一个 web.xml 文件，如图 3-27 所示。

（4）仿照之前的 Hello World，右击 ServletProjectV2_5，选择 New→Servlet，在图 3-28 所示的窗口中设置 Java package 和 Class name。

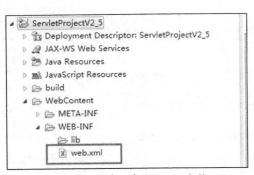

图 3-27　生成一个 web.xml 文件　　　　图 3-28　设置 Java package 和 Class name

（5）同样，略过中间默认配置的步骤，在图 3-29 所示的窗口中，勾选 init、doGet 复选框。单击 Finish 按钮，完成创建，如图 3-29 所示。

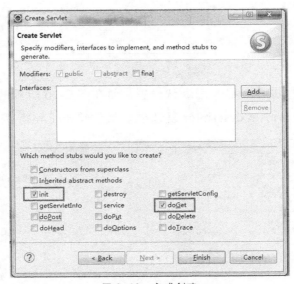

图 3-29　完成创建

（6）在新建的 Java 文件中，输入以下的代码，对比之前的入门示例，可以发现 @WebServlet("/HelloWorld") 已经不见了。

```
package ver.son.secproject;

import java.io.IOException;
```

```
import java.io.PrintWriter;

import javax.servlet.ServletConfig;
import javax.servlet.ServletException;
import javax.servlet.http.HttpServlet;
import javax.servlet.http.HttpServletRequest;
import javax.servlet.http.HttpServletResponse;

public class testxml extends HttpServlet {
 private static final long serialVersionUID = 1L;
 private String message;

 public void init(ServletConfig config) throws ServletException {
    message = "Hello World";
 }

 protected void doGet(HttpServletRequest request, HttpServletResponse response)
throws ServletException, IOException {
    response.setContentType("text/html");
    PrintWriter out = response.getWriter();
    out.println("<h1>" + message + "</h1>");
 }
}
```

这段代码同样用于输出 Hello World。

（7）右击代码，选择 Run As→Run on Server。运行这段代码，检查是否能正常运行，运行结果如图 3-30 所示。

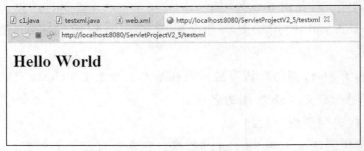

图 3-30　运行结果

（8）打开 WEB-INF 目录下的 web.xml 文件。

```
1  <?xml version="1.0" encoding="UTF-8"?>
2  <web-App xmlns:xsi="http://www.w3.org/2001/XMLSchema-instance"
```

```
3    xmlns="http://java.sun.com/xml/ns/javaee"
4    xsi:schemaLocation="http://java.sun.com/xml/ns/javaee http://java.sun.com/
5    xml/ns/javaee/web-App_2_5.xsd"
6    id="WebApp_ID" version="2.5">
7    <display-name>ServletProjectV2_5</display-name>
8    <welcome-file-list>
9        <welcome-file>index.html</welcome-file>
10       <welcome-file>index.htm</welcome-file>
11       <welcome-file>index.jsp</welcome-file>
12       <welcome-file>default.html</welcome-file>
13       <welcome-file>default.htm</welcome-file>
14       <welcome-file>default.jsp</welcome-file>
15   </welcome-file-list>
16   <servlet>
17       <description></description>
18       <display-name>testxml</display-name>
19       <servlet-name>testxml</servlet-name>
20       <servlet-class>ver.son.secproject.testxml</servlet-class>
21   </servlet>
22   <servlet-mApping>
23       <servlet-name>testxml</servlet-name>
24       <url-pattern>/testxml</url-pattern>
25    </servlet-mApping>
26   </web-App>
```

2. web.xml 文件中元素的详解

web.xml 的模式文件是由 Sun 公司定义的，每个 web.xml 文件的根元素<web-App>都必须标明这个 web.xml 使用的是哪个模式文件。其他的元素都放在<web-App>和</web-App>之间。

第 1～6 行和第 26 行都是默认写法，现在基本上也是由 Eclipse 自动生成的。

第 7 行代码用于定义 Web 应用的名称。

第 8～15 行代码用于指定欢迎页。

第 16～21 行代码用来声明 Servlet 的数据，它主要有以下子元素。

- <servlet-name>和</servlet-name>之间的代码指定 Servlet 的名称，它一般和新建 Servlet 时的类名相同。

- <servlet-class>和</servlet-class>之间的代码指定 Servlet 的类名。可以指明 Servlet 的路径、包名与类名。注意，类名后不能加上.java。

第 22~25 行代码用来定义 Servlet 所对应的 URL，其中包含的两个子元素如下所示。

- <servlet-name>和</servlet-name>之间的代码指定 Servlet 的名称，它和<servlet>中的<servlet-name>相同。

- <url-pattern>和</url-pattern>之间的代码指定 Servlet 所对应的 URL，它可以任意指定。

3. 注解方式

Hello World 中的注解如图 3-31 所示。

```
package ver.son.fsproject;

import java.io.IOException;

@WebServlet("/c1")
public class c1 extends HttpServlet {
    private static final long serialVersionUID = 1L;
    private String message;

    public void init(ServletConfig config) throws ServletExce
        message = "Hello World";
    }
```

图 3-31　Hello World 中的注解

@WebServlet 将一个类声明为 Servlet，该注解将会在部署时由容器来处理，容器将根据具体的属性配置把相应的类部署为 Servlet。

@WebFilter 将一个类声明为过滤器，该注解将会在部署时由容器来处理，容器将根据具体的属性配置把相应的类部署为过滤器。

@WebListener 将一个类声明为监听器，被@WebListener 标注的类必须至少实现以下接口中的一个：

- ServletContextListener；
- ServletContextAttributeListener；
- ServletRequestListener；
- ServletRequestAttributeListener；
- HttpSessionListener；
- HttpSessionAttributeListener。

3.1.7　请求的处理

先回顾客户端-Servlet 容器-Servlet 之间的时序图（见图 3-32），以加深对 Servlet 运行过程的理解。

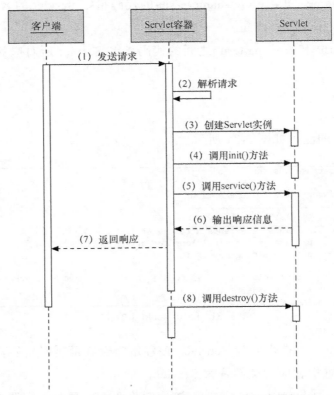

图 3-32　客户端-Servlet 容器-Servlet 之间的时序图

同时还要复习一下 HTTP 中请求和响应的相关内容，如表 3-1 所示。

表 3-1　HTTP 中请求和响应的相关内容

头　信　息	描　　述
Accept	指定浏览器或其他客户端可以处理的 MIME 类型。image/png 或 image/jpeg 是最常见的两种值
Accept-Charset	指定浏览器可以用来显示信息的字符集，如 ISO-8859-1
Accept-Encoding	指定浏览器支持的编码类型。gzip 或 compress 是最常见的两种值
Accept-Language	指定客户端的首选语言，在这种情况下，Servlet 会产生多种语言，如 en、en-us、ru 等
Authorization	用于客户端在访问受密码保护的网页时识别自己的身份
Connection	指示客户端是否可以处理持久的 HTTP 连接。持久连接允许客户端或其他浏览器通过单个请求来检索多个文件。Keep-Alive 值意味着使用了持久连接
Content-Length	只适用于 POST 请求，可给出 POST 数据的大小（以字节为单位）

头 信 息	描 述
Cookie	把之前发送到浏览器的 Cookie 返回给服务器
Host	指定原始 URL 中的主机和端口
If-Modified-Since	表示只有当页面在指定的日期后已更改时，服务器才会发送请求的页面。如果没有新的结果可以使用，服务器会发送一个状态码 304，它表示不返回文件内容
If-Unmodified-Since	与 If-Modified-Since 相反，它指定只有当文档早于指定日期时，操作才会成功
Referer	指示指向 Web 页的 URL。例如，如果在网页 1 中单击一个链接，访问网页 2，当浏览器请求网页 2 时，网页 1 的 URL 就会包含在 Referer 头信息中
User-Agent	识别发出请求的浏览器或其他客户端，并可以向不同类型的浏览器返回不同的内容

对于发过来的这些请求，Servlet 利用 HttpServletRequest 对象中的一些方法进行处理，这些方法可帮助 Servlet 程序来读取 HTTP 头。

下面给出几个示例。

- request.getRequestURL()：获取浏览器发出请求时的完整 URL。

- request.getRequestURI()：获取浏览器发出请求时的资源名。

- request.getHeaderNames()：获取在请求中包含的所有请求头名。

- request.getHeader()：以字符串形式返回指定请求头的值。

更多的方法可以参考 servlet-javadoc 中的 Method Summary，如图 3-33 所示。

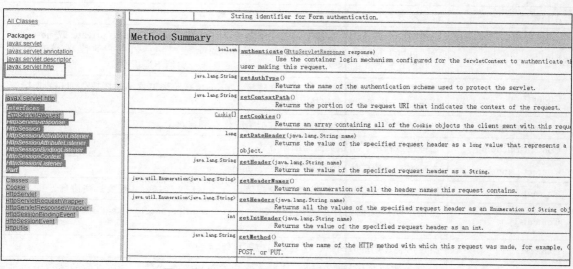

图 3-33　servlet-javadoc 中的 Method Summary

3.1.8　响应的处理

　　Servlet 响应一个发来的请求后，就要返回信息给客户端，响应信息通常包括一个状态行、一些响应头、一个空行和一个文档，如图 3-34 所示。

```
HTTP/1.1 200 OK
Content-Type: text/html
Header2: ...
...
HeaderN: ...
  (Blank Line)
<!doctype ...>
<html>
<head>...</head>
<body>
...
</body>
</html>
```

图 3-34　响应信息的组成

　　和请求一样，也要先回顾一下 HTTP 响应的相关内容，如表 3-2 所示。

表 3-2　HTTP 响应的相关内容

头　信　息	描　　　述
Allow	指定服务器支持的请求方法（GET、POST 等）
Cache-Control	指定响应文档在何种情况下可以安全地缓存。可能的值有 public、private 或 no-cache 等。public 意味着文档是可缓存的；private 意味着文档是单个用户的私人文档，且只能存储在私有（非共享）缓存中；no-cache 意味着文档不应缓存
Connection	指示浏览器是否使用持久的 HTTP 连接。close 值指示浏览器不使用持久 HTTP 连接，keep-alive 值意味着使用持久连接
Content-Disposition	可以请求浏览器以给定名称的文件把响应保存到磁盘上
Content-Encoding	在传输过程中，指定页面的编码方式
Content-Language	表示编写文档所使用的语言，如 en、en-us、ru 等
Content-Length	指示响应中的字节数。只有当浏览器使用持久 HTTP 连接时才需要这些信息
Content-Type	提供了响应文档的多用途因特网邮件扩展（Multipurpose Internet Mail Extension，MIME）类型
Expires	指定内容过期的时间，在这之后内容不再缓存
Last-Modified	指示文档的最后修改时间。然后，客户端可以缓存文件，并在以后的请求中通过 If-Modified-Since 请求头信息提供一个日期

续表

头 信 息	描 述
Location	应包含在所有带有状态码的响应中。在 300s 内，它会通知浏览器文档的地址。浏览器会自动重新连接到这个位置，并获取新的文档
Refresh	指定浏览器应该在多长时间之后刷新页面。可以指定页面刷新的时间
Retry-After	可以与 503（服务不可用）响应配合使用，这会告诉客户端多久就可以重复它的请求
Set-Cookie	指定一个与页面关联的 Cookie

要发送这些响应，Servlet 利用 HttpServletResponse 对象中的一些方法进行处理，这些方法可以在 Servlet 程序中设置 HTTP 响应头。

下面给出几个示例。

- response.getWriter()：设置响应内容。
- response.setContentType()：设置发送到客户端的响应内容的类型。
- response.addCookie(cookie)：把指定的 Cookie 添加到响应中。
- response.setStatus()：为该响应设置状态码。

更多的方法请参考 servlet-javadoc。

处理请求和响应的示例代码如下所示。下面的示例代码使用 HttpServletRequest 的 getHeaderNames()方法读取 HTTP 头信息。该方法返回一个枚举，包含与当前 HTTP 请求相关的头信息。可以用标准方式循环枚举，使用 hasMoreElements()方法来确定何时停止，使用 nextElement()方法来获取每个参数的名称。

```java
package ver.son.fsproject;

import java.io.IOException;
import java.io.PrintWriter;
import java.util.Enumeration;

import javax.servlet.ServletException;
import javax.servlet.annotation.WebServlet;
import javax.servlet.http.HttpServlet;
import javax.servlet.http.HttpServletRequest;
import javax.servlet.http.HttpServletResponse;

@WebServlet("/RequestHeader")
public class RequestHeader extends HttpServlet {
 private static final long serialVersionUID = 1L;
```

```
public void doGet(HttpServletRequest request, HttpServletResponse response)
throws ServletException, IOException
    {
        // 设置响应内容类型
        response.setContentType("text/html;charset=UTF-8");

        PrintWriter out = response.getWriter();
        String title = "HTTP Header 请求示例 - 51Testing";
        String docType =
            "<!DOCTYPE html> \n";
            out.println(docType +
            "<html>\n" +
            "<head><meta charset=\"utf-8\"><title>" + title + "</title></head>\n"+
            "<body bgcolor=\"#f0f0f0\">\n" +
            "<h1 align=\"center\">" + title + "</h1>\n" +
            "<table width=\"100%\" border=\"1\" align=\"center\">\n" +
            "<tr bgcolor=\"#949494\">\n" +
            "<th>Header 名称</th><th>Header 值</th>\n"+
            "</tr>\n");

        Enumeration headerNames = request.getHeaderNames();

        while(headerNames.hasMoreElements()) {
            String paramName = (String)headerNames.nextElement();
            out.print("<tr><td>" + paramName + "</td>\n");
            String paramValue = request.getHeader(paramName);
            out.println("<td> " + paramValue + "</td></tr>\n");
        }
        out.println("</table>\n</body></html>");

    }
}
```

3.1.9　请求的转发和重定向

1. 请求转发的作用

有时候，应用需要把一个 Servlet 要处理的请求转发给其他的 Servlet 来处理。另外，在请求转发时不能重定向客户端的 URL，即浏览器地址栏上的 URL 不会改变。因为客户端起初请求的就是这个 Servlet，至于服务器端如何转发，流程如何执行，客户端根本就不知道。客户端发送请求后就等着响应，客户端不关心也没法知道服务器如何操作。所以当服务器端转发请求后，它会把结果返回给客户端，客户端根本就不知道这个结果是由真正访问的 Servlet 产生的，还是在 Servlet 转发后由下一个组件产生的。

2. 重定向的作用

上面的转发是在同一个网站中进行的，但是当文档移动到一个新的位置或者 URL 发生了改变后，也会使用页面重定向。页面重定向指把请求转发到了站外。

3. 转发和重定向的区别

转发和重定向的区别如下。

- 转发是在服务器端完成的，重定向是在客户端完成的。
- 转发的速度快，重定向的速度慢。
- 转发的是同一个请求，重定向的是两个不同请求。
- 转发不会执行转发后的代码，重定向会执行重定向之后的代码。
- 转发后地址栏没有变化，重定向后地址栏有变化。
- 转发必须在同一台服务器下完成，重定向可以在不同的服务器下完成。

请求的转发如图 3-35 所示。请求的重定向如图 3-36 所示。

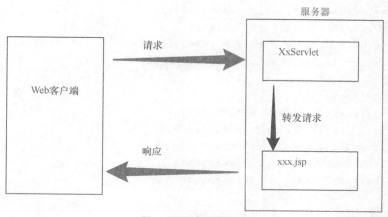

图 3-35　请求的转发

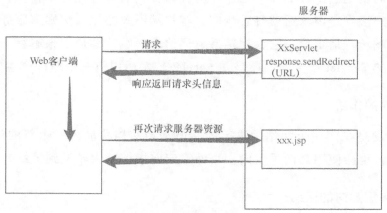

图 3-36　请求的重定向

下面给出请求转发和重定向的示例代码。

这段代码用于请求的转发。

```java
package ver.son.fsproject;

import java.io.IOException;
import java.io.PrintWriter;

import javax.servlet.RequestDispatcher;
import javax.servlet.ServletException;
import javax.servlet.annotation.WebServlet;
import javax.servlet.http.HttpServlet;
import javax.servlet.http.HttpServletRequest;
import javax.servlet.http.HttpServletResponse;

@WebServlet("/Forward")
public class Forward extends HttpServlet {
 private static final long serialVersionUID = 1L;
 public void doGet(HttpServletRequest request,
          HttpServletResponse response)
   throws ServletException, IOException
{
    //同站转发
    response.setContentType("text/html");
    RequestDispatcher rd =request.getRequestDispatcher("/HelloWorld");
    rd.forward(request, response);
   //请求的转发不能针对外部资源
```

```
//request.getRequestDispatcher("www.baidu.com").forward(request, response);

}
}
```

代码解析如下。

（1）以上代码将请求转发到了 HelloWorld 的 Servlet 中。

（2）代码最后注释掉的语句是使用转发的一种错误尝试。当取消注释后，再次运行代码，可以发现系统提示页面找不到。由此证明，仅可在站内转发，不可转发至站外。

以下代码用于重定向请求。

```
package ver.son.fsproject;

import java.io.IOException;

import javax.servlet.ServletException;
import javax.servlet.annotation.WebServlet;
import javax.servlet.http.HttpServlet;
import javax.servlet.http.HttpServletRequest;
import javax.servlet.http.HttpServletResponse;

@WebServlet("/Redirect")
public class Redirect extends HttpServlet {
 private static final long serialVersionUID = 1L;

 public void doGet(HttpServletRequest request,
            HttpServletResponse response)
    throws ServletException, IOException
{
    response.setContentType("text/html");
        response.sendRedirect("http://www.51Testing.com");
        return;
/*以下为重定向的另一种写法
response.setContentType("text/html;charset=UTF-8");// 设置响应内容类型
String site = new String("http://www.51Testing.com");// 要重定向的新位置
response.setStatus(HttpServletResponse.SC_MOVED_TEMPORARILY);
response.setHeader("Location", site);
*/
}}
```

代码解析如下。

（1）response.sendRedirect("http://www.51Testing.com")实现了重定向。

（2）最后注释掉的 4 行代码是重定向的另一种写法，即不用 sendRedirect()方法实现重定向的方法。

（3）在写代码时，有几点需要额外注意。

- 在使用 response.sendRedirect 时，前面不能有 HTML 输出。
- response.sendRedirect 之后应该紧跟 return，这样可以立即进行跳转。若要跳转，输出内容到原页面没有什么作用，而且这还有可能让跳转失败。

3.1.10　Cookie 的处理

通过 Cookie 识别用户的 3 个步骤如下。

（1）服务器脚本向浏览器发送一组 Cookie，如姓名、年龄或识别号码等。

（2）浏览器将这些信息存储在本地计算机上，以便将来使用。

（3）当浏览器下一次向 Web 服务器发送任何请求时，浏览器会把这些 Cookie 信息发送到服务器，服务器将使用这些信息来识别用户。

1.　通过 Servlet 设置 Cookie

通过 Servlet 设置 Cookie 包括以下 3 个步骤。

（1）创建一个 Cookie 对象。可以调用带 Cookie 名称和 Cookie 值的 Cookie 构造函数，Cookie 名称和 Cookie 值都是字符串。

语法如下。

```
Cookie cookie = new Cookie("key","value");
```

（2）设置最大生存周期。可以使用 setMaxAge 方法来指定 Cookie 能够保持有效的时间（以秒为单位）。下面将设置一个最长有效期为 24 小时的 Cookie。

语法如下。

```
cookie.setMaxAge(60*60*24);
```

（3）发送 Cookie 到 HTTP 响应头。可以使用 response.addCookie 来添加 HTTP 响应头中的 Cookie。

语法如下。

```
response.addCookie(cookie);
```

2. 通过 Servlet 读取 Cookie

为了读取 Cookie，需要通过调用 HttpServletRequest 的 getCookies()方法创建一个 javax.servlet.http.Cookie 对象的数组，然后遍历数组，并使用 getName()与 getValue()方法访问每个 Cookie 和关联值。

3. 通过 Servlet 设置和读取 Cookie 的示例

在该示例中，先通过表单提交一个网站名和网址，然后把网站名和网址都存放到 Cookie 中，再通过 Cookie 读出来并显示在屏幕上。示例分为 3 个文件。这 3 个文件在 Eclipse 项目树中的位置如图 3-37 所示。

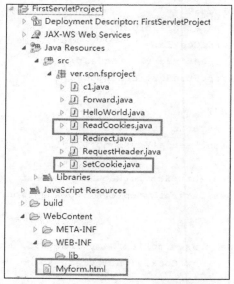

图 3-37　3 个文件在 Eclipse 项目树中的位置

首先，创建一个客户端提交的表单，命名为 Myform.html。

```
<!DOCTYPE html>
<html>
<head>
<meta charset="UTF-8">
<title>This is a setcookie form sample.</title>
</head>
<body>
<form action=/FirstServletProject/SetCookie method="POST">
请输入网站地址 : <input type="text" name="name">
```

```
<br />
请输入网站 URL：<input type="text" name="url" /><br>
<input type="submit" value="提交" />
</form>
</body>
</html>
```

然后，编写设置 Cookie 的代码，命名为 SetCookie.java。

```
package ver.son.fsproject;

import javax.servlet.annotation.WebServlet;
import javax.servlet.http.HttpServlet;
import java.io.IOException;
import java.io.PrintWriter;
import javax.servlet.ServletException;
import javax.servlet.http.Cookie;
import javax.servlet.http.HttpServletRequest;
import javax.servlet.http.HttpServletResponse;

@WebServlet("/SetCookie")
public class SetCookie extends HttpServlet {
 private static final long serialVersionUID = 1L;

    protected void doPost(HttpServletRequest request, HttpServletResponse
        response) throws ServletException, IOException {

        //创建 Cookie
            Cookie name = new Cookie("name",request.getParameter("name"));
            Cookie url = new Cookie("url",request.getParameter("url"));

            //为两个 Cookie 设置过期时间为 24 小时后
            name.setMaxAge(60*60*24);
            url.setMaxAge(60*60*24);

            //在响应头中添加两个 Cookie
            response.addCookie( name );
            response.addCookie( url );

            //设置响应内容类型
            response.setContentType("text/html;charset=UTF-8");

            PrintWriter out = response.getWriter();
```

```
        String title = "设置我的 Cookie 实例";
        String docType = "<!DOCTYPE html>\n";
        out.println(docType +
                "<html>\n" +
                "<head><title>" + title + "</title></head>\n" +
                "<body>\n" +
                "<h1 align=\"center\">" + title + "</h1>\n" +
                "<ul>\n" +
                "  <li><b>网站名：</b>："
                + request.getParameter("name") + "\n</li>" +
                "  <li><b>网站地址：</b>："
                + request.getParameter("url") + "\n</li>" +
                "</ul>\n" +
                "</body></html>");
    }
}
```

最后，编写读取 Cookie 的代码，命名为 ReadCookies.java。

```
package ver.son.fsproject;

import java.io.IOException;
import java.io.PrintWriter;
import javax.servlet.ServletException;
import javax.servlet.annotation.WebServlet;
import javax.servlet.http.Cookie;
import javax.servlet.http.HttpServlet;
import javax.servlet.http.HttpServletRequest;
import javax.servlet.http.HttpServletResponse;

@WebServlet("/ReadCookies")
public class ReadCookies extends HttpServlet {
    private static final long serialVersionUID = 1L;

    @Override
    public void doGet(HttpServletRequest request, HttpServletResponse response)
 throws ServletException, IOException
    {
        Cookie cookie = null;
        Cookie[] cookies = null;
        //获取与该域相关的 Cookie 的数组
        cookies = request.getCookies();
```

```
//设置响应内容类型
response.setContentType("text/html;charset=UTF-8");

PrintWriter out = response.getWriter();
String title = "My Cookie read example!";
String docType = "<!DOCTYPE html>\n";
out.println(docType +
        "<html>\n" +
        "<head><title>" + title + "</title></head>\n" +
        "<body>\n" );
 if( cookies != null ){
   out.println("<h2>以下显示 Cookie 名称和值</h2>");
   for (int i = 0; i < cookies.length; i++){
      cookie = cookies[i];
      out.print("名称: " + cookie.getName( ) + "<br/>");
      out.print("值: " + cookie.getValue() +" <br/>");
   }
 }else{
    out.println(
    "<h2>No cookie Existing</h2>");
 }
out.println("</body>");
out.println("</html>");
 }
}
```

4. 直接运行 Myform.html

这个文件通过<form action=/FirstServletProject/SetCookie method="POST">中指定的
action 内容，调用 SetCookie 的 Servlet。在运行过程中输入网站名和网址，提交后就会
保存 Cookie，同时返回运行结果，如图 3-38 所示。

图 3-38　第一次的运行结果

此时再次运行 ReadCookie 的 Servlet，就会看到读出了 Cookie，如图 3-39 所示。

图 3-39　第二次的运行结果

3.1.11　会话的跟踪

1. 会话的创建时间

一个常见的误解是以为在客户端访问时就会创建会话，但是直到某服务器端程序调用 HttpServletRequest.getSession(true)这样的语句时，才创建会话。通过一个例子可以说明这一点，如果客户端访问的*.html 静态资源不会被编译为 Servlet，那么就不涉及会话的问题了，所以不是有访问才创建会话。

会话的原理如下所示。

在打开浏览器第一次访问 Servlet 的时候，服务器会自动为其创建一个会话，并赋予其一个会话 ID，发送给客户端的浏览器。以后客户端在请求本应用中其他资源的时候，会自动在请求头上添加以下内容。

Cookie:JSESSIONID=客户端第一次拿到的会话 ID

这样，服务器端在接收到请求时候，就会收到会话 ID，并根据 ID 在内存中找到之前创建的会话对象，供请求使用。

会话的创建和使用总是发生在服务器端，而浏览器从来都没得到过会话对象。然而，浏览器可以请求 Servlet（JSP 也是 Servlet）来获取会话的信息。客户端浏览器获取的仅是会话 ID。会话流程如图 3-40 所示。

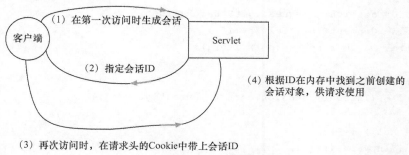

图 3-40　会话流程

145

Servlet 提供了 HttpSession 接口。该接口提供了一种在跨多个页面请求或访问网站时识别用户以及存储有关用户信息的方式。通过调用 HttpServletRequest 的公共方法 getSession()，获取 HttpSession 对象。以下示例就展现了这个过程。

2. 跟踪会话的示例

本示例说明了如何使用 HttpSession 对象获取会话 ID。如果不存在会话，则将通过请求创建一个新的会话。

示例中有一个计数器，每访问一次服务器端，计数器就增加 1，同时返回客户端会话 ID 的内容。

```java
package ver.son.fsproject;

import java.io.IOException;
import java.io.PrintWriter;

import javax.servlet.ServletException;
import javax.servlet.annotation.WebServlet;
import javax.servlet.http.HttpServlet;
import javax.servlet.http.HttpServletRequest;
import javax.servlet.http.HttpServletResponse;
import javax.servlet.http.HttpSession;

@WebServlet("/session")
public class session extends HttpServlet {
 private static final long serialVersionUID = 1L;

 public void doGet(HttpServletRequest request,HttpServletResponse response)
throws ServletException, java.io.IOException
    {

 HttpSession session = request.getSession(true);
 response.setContentType("text/html");
 PrintWriter out = response.getWriter();

 int count = 1;
 Integer i = (Integer) session.getAttribute("mycount");

 if (i != null) {
 count = i.intValue() + 1;
 }
```

```
session.setAttribute("mycount", new Integer(count));

out.println("<html>");
out.println("<head>");
out.println("<title>Session Counter</title>");
out.println("</head>");
out.println("<body>");
out.println("Your session ID is <b>" +
session.getId());
out.println("</b> and you have hit this page <b>" +
count +
"</b> time(s) during this browser session");

out.println("<form method=GET action=\"" + request.getRequestURI() + "\">");
out.println("<input type=submit " +      "value=\"Hit page again\">");
out.println("</form>");
out.println("</body>");
out.println("</html>");
out.flush();
}
protected void doPost(HttpServletRequest request, HttpServletResponse response)
throws ServletException, IOException {
    // TODO Auto-generated method stub
    doGet(request, response);
}
}
```

示例代码的运行结果如图 3-41 所示。

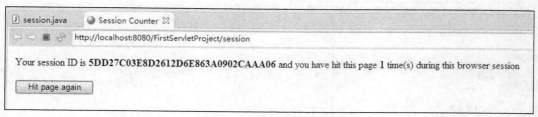

图 3-41 示例代码的运行结果

关于示例的解析如下。

（1）当请求达到 Servlet 时，会通过以下语句返回与此请求相关联的当前会话。如果请求没有会话，则创建一个会话。

```
HttpSession session = request.getSession(true);
```

（2）图 3-42 所示的代码是关键。在响应的内容中有一个按钮，这个按钮在一个表单中，每单击一次这个按钮就相当于提交一次表单，表单的 action 指定由 request.getRequestURI() 来处理。

```
out.println("<form method=GET action=\"" + request.getRequestURI() + "\">");
out.println("<input type=submit " + "value=\"Hit page again\">");
out.println("</form>");
```

图 3-42　示例代码

如果还对 request.getRequestURI() 的 Servlet 感兴趣，那么不妨在 out.println("</form>") 下添加以下加框的代码，如图 3-43 所示。

```
out.println("<form method=GET action=\"" + request.getRequestURI() + "\">");
out.println("<input type=submit " + "value=\"Hit page again\">");
out.println("</form>");
out.println("\n"+"request.getRequestURI() is "+request.getRequestURI());
out.println("</body>");
out.println("</html>");
out.flush();
```

图 3-43　添加加框的代码

运行一下代码，就会看到结果了，如图 3-44 所示。

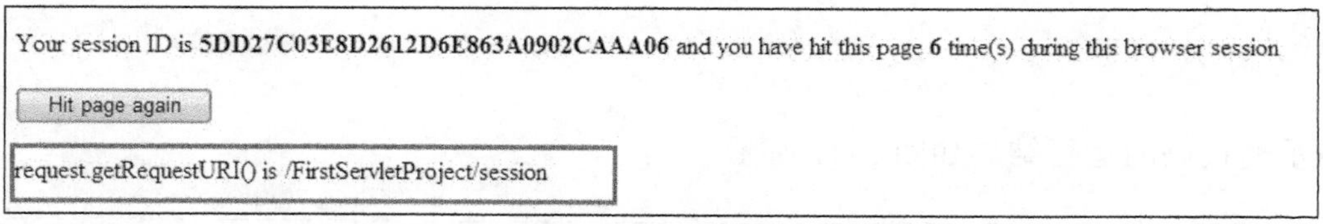

Your session ID is **5DD27C03E8D2612D6E863A0902CAAA06** and you have hit this page **6** time(s) during this browser session

Hit page again

request.getRequestURI() is /FirstServletProject/session

图 3-44　运行结果

3.2　JSP

3.2.1　JSP 简介

JSP 与 PHP、ASP、ASP.NET 等语言类似，是运行在服务器端的语言。

JSP 是一种跨平台的动态网页技术标准，由 Sun Microsystems 公司倡导、多家公司参与建立。在 HTML 文件中插入 Java 程序段和 JSP 标签（tag），从而形成 JSP 文件（*.jsp）。

使用 JSP 开发的 Web 应用是跨平台的，它既能在 Linux 系统下运行，也能在其他操作系统下运行。

JSP 是一种 Java Servlet，但是与纯 Servlet 相比，通过 JSP 很容易编写或者修改 HTML 网页而不用面对大量的 println 语句。

3.2.2 JSP 的生命周期

JSP 的生命周期就是从创建到销毁的整个过程，它类似于 Servlet 的生命周期，区别在于 JSP 的生命周期还包括将 JSP 文件编译成 Servlet 的时间。

1. JSP 的生命周期中包括的阶段

JSP 的生命周期中包括的阶段如下。

- 编译阶段：Servlet 容器编译 Servlet 源文件，生成 Servlet 类。
- 初始化阶段：加载与 JSP 对应的 Servlet 类，创建其实例，并调用它的初始化方法。
- 执行阶段：调用与 JSP 对应的 Servlet 实例的服务方法。
- 销毁阶段：调用与 JSP 对应的 Servlet 实例的销毁方法，然后销毁 Servlet 实例。

除了编译阶段之外，其余 3 个阶段和 Servlet 是一样的，所以介绍一下第一个阶段就可以了。

2. JSP 编译阶段的解释

当浏览器请求 JSP 文件时，JSP 引擎会首先检查是否需要编译这个文件。如果这个文件没有被编译过，或者在上次编译后被更改过，则要编译这个 JSP 文件。

编译过程包括 3 个步骤。

（1）解析 JSP 文件。

（2）将 JSP 文件转换为 Servlet。

（3）编译 Servlet。

3.2.3 JSP 的 Hello World

JSP 其实和 Servlet 是一类，因为 JSP 最终还要编译成 Servlet 来运行，所以整个环境的搭建和 Servlet 是完全相同的。关于 JSP 运行环境的搭建，可以参考 3.1.3 节。

（1）在 Eclipse 中，新建一个 Dynamic Web Project，如图 3-45 所示。

（2）填写项目名字，注意，module 的版本号要选择 3.0 以上。这主要因为 Servlet 3.0 版本后，可以用注解代替 web.xml 文件，这样在 Hello World 中不需要详细解释 web.xml 了。

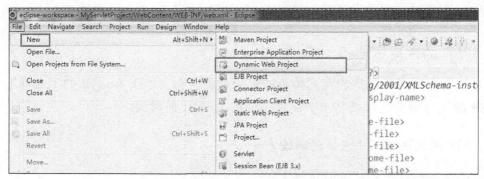

图 3-45　新建一个 Dynamic Web Project

（3）一直保持默认设置，直至最后单击 Finish 按钮完成创建。

（4）创建 JSP 的 Hello World 代码。右击新建的项目，从上下文菜单中选择 New→
JSP File，如图 3-46 所示。

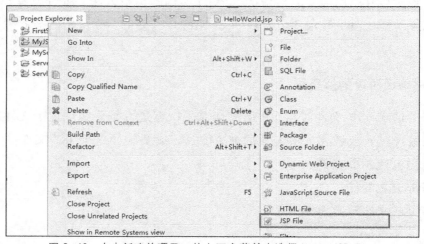

图 3-46　右击新建的项目，从上下文菜单中选择 New→JSP File

（5）填写 JSP 文件的名字。可以注意到，JSP 文件是保存在新建项目的 WebContent
目录下的，如图 3-47 所示。

（6）在选择 JSP 文件格式时，建议选择 XHTML 格式（见图 3-48），它的相对兼容
性比较好，并单击 Finish 按钮。

图 3-47　填写 JSP 文件的名字

图 3-48　选择 XHTML 格式的文件

（7）新建 JSP 文件后，很多文件初始部分的内容已经生成了。现在只需要在\<body\>标签中补齐 Hello World 的代码就可以了，如图 3-49 所示。

```
🗋 HelloWorld.jsp ⊠                                                                    ▭
 1 <?xml version="1.0" encoding="ISO-8859-1" ?>
 2 <%@ page language="java" contentType="text/html; charset=ISO-8859-1"
 3     pageEncoding="ISO-8859-1"%>
 4 <!DOCTYPE html PUBLIC "-//W3C//DTD XHTML 1.0 Transitional//EN" " *** w3 *** /T
 5 <html xmlns=" *** w3 *** /1999/xhtml">
 6 <head>
 7 <meta http-equiv="Content-Type" content="text/html; charset=ISO-8859-1" />
 8 <title>Insert title here</title>
 9 </head>
10 <body>
11
12 </body>
13 </html>
```

图 3-49　很多文件初始部分的内容已经生成了

（8）补齐后的代码如下。这里仅需要修改 title 和添加 println 语句即可。

```
<?xml version="1.0" encoding="ISO-8859-1" ?>
<%@ page language="java" contentType="text/html; charset=ISO-8859-1"
    pageEncoding="ISO-8859-1"%>
<!DOCTYPE html PUBLIC "-//W3C//DTD XHTML 1.0 Transitional//EN"
"***w3***/TR/xhtml1/DTD/xhtml1-transitional.dtd">
<html xmlns="***w3***/1999/xhtml">
<head>
<meta http-equiv="Content-Type" content="text/html; charset=ISO-8859-1" />
<title>My first JSP example</title>
</head>
<body>
<%
 out.println("Hello World!");
%>
</body>
</html>
```

（9）执行的过程和 Servlet 的是一样的。右击 JSP 文件，从上下文菜单中选择 Run As→
Run on Server，在弹出的对话框中单击 Finish 按钮即可。

（10）运行结果如图 3-50 所示。

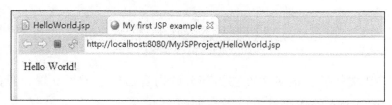

图 3-50　运行结果

3.2.4　JSP 的语法

1．JSP 脚本

JSP 脚本的基本语法如下。

```
<% 代码段 %>
```

代码段可以包含任意量的 Java 语句、变量、方法或表达式。任何文本、HTML 标签、JSP 元素必须写在脚本程序的外面。

JSP 文件扩展名为.jsp 。

2．JSP 变量的声明

一个声明语句可以声明一个或多个变量、方法，以供后面的 Java 代码使用。在 JSP 文件中，必须先声明变量和方法，然后才能使用。

声明 JSP 变量的语法如下。

```
<%! declaration; [ declaration; ]+ ... %>
```

示例如下所示。

```
<%! int i = 0; %>
<%! int a, b, c; %>
<%! Circle a = new Circle(2.0); %>
```

3．JSP 表达式

一个 JSP 表达式包含脚本语言表达式，先把脚本语言表达式转换成字符串，然后插入表达式应出现的地方。

表达式元素中可以包含任何符合 Java 语言规范的表达式，但是不能使用分号来结束表达式。

JSP 表达式的语法如下。

```
<%= 表达式 %>
```

JSP 表达式示例 Date.jsp 的代码如下。

```
<?xml version="1.0" encoding="UTF-8" ?>
<%@ page language="java" import ="java.util.Date" contentType="text/html;
charset=UTF-8"
```

```
        pageEncoding="UTF-8"%>
<!DOCTYPE html PUBLIC "-//W3C//DTD XHTML 1.0 Transitional//EN"
"***w3***/TR/xhtml1/DTD/xhtml1-transitional.dtd">
<html xmlns="***w3***/1999/xhtml">
<head>
<meta http-equiv="Content-Type" content="text/html; charset=UTF-8" />
<title>Insert title here</title>
</head>
<body>
今天的日期和时间是<%=new Date()%>
</body>
</html>
```

运行结果如图 3-51 所示。

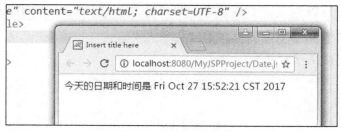

图 3-51　Date.jsp 的运行结果

代码解析如下。

在 HTML 的 body 中，<%=new Date()%>语句输出了日期和时间。可以看出其实表达式主要用于向浏览器输出变量或表达式的计算结果。

4. JSP 注释

JSP 注释主要有两个作用——对代码进行注释以及将某段代码注释掉。
语法格式如下。

```
<%-- 该部分注释在网页中不会显示--%>
```

5. JSP 指令

JSP 指令用来设置与整个 JSP 页面相关的属性。
语法格式如下。

```
<%@ directive attribute="value" %>
```

有 3 种指令标签，如表 3-3 所示。

表 3-3　3 种指令标签

指　　令	描　　述
<%@page... %>	定义页面的依赖属性，比如脚本语言、error 页面、缓存需求等
<%@include... %>	包含其他文件
<%@taglib... %>	引入标签库的定义，它可以是自定义标签

在之前的表达式示例 Date.jsp 中，就使用了 page 指令，其作用是设置语言类型、导入架包、设置解码方式等，如图 3-52 所示。

```
1 <?xml version="1.0" encoding="UTF-8" ?>
2 <%@ page language="java" import ="java.util.Date" contentType="text/html; charset=UTF-8"
3     pageEncoding="UTF-8"%>
4 <!DOCTYPE html PUBLIC "-//W3C//DTD XHTML 1.0 Transitional//EN" "http://www.w3.org/TR/xhtml1
5 <html xmlns="http://www.w3.org/1999/xhtml">
6 <head>
7 <meta http-equiv="Content-Type" content="text/html; charset=UTF-8" />
8 <title>Insert title here</title>
9 </head>
10 <body>
11 今天的日期和时间是 <%=new Date()%>
12 </body>
13 </html>
```

图 3-52　关于 page 指令的例子

6. JSP 动作

与 JSP 指令元素不同的是，JSP 动作元素在请求处理阶段发挥作用。JSP 动作元素是用 XML 语法写成的。

语法格式如下。

```
<jsp:action_name attribute="value" />
```

动作元素基本上是预定义的函数，JSP 规范定义了一系列的标准动作，它以 JSP 作为前缀。可用的标准动作元素如表 3-4 所示。

表 3-4　可用的标准动作元素

语　　法	描　　述
jsp:include	在页面被请求时引入一个文件
jsp:useBean	寻找或者实例化一个 JavaBean
jsp:setProperty	设置 JavaBean 的属性
jsp:getProperty	输出某个 JavaBean 的属性

续表

语　　法	描　　述
jsp:forward	把请求转发到一个新的页面
jsp:plugin	根据浏览器类型为 Java 插件生成 OBJECT 或 EMBED 标记
jsp:element	定义动态 XML 元素
jsp:attribute	设置动态定义的 XML 元素属性
jsp:body	设置动态定义的 XML 元素内容
jsp:text	在 JSP 页面和文档中使用写入文本的模板

也可以使用 jsp:include 示例进行说明。

利用之前的表达式示例 Date.jsp，再写一个 Include.jsp，Include.jsp 的页面包含了 Date.jsp。代码如下。

```
<?xml version="1.0" encoding="UTF-8" ?>
<%@ page language="java" contentType="text/html; charset=UTF-8"
    pageEncoding="UTF-8"%>
<!DOCTYPE html PUBLIC "-//W3C//DTD XHTML 1.0 Transitional//EN"
"http://www.w3.org/TR/xhtml1/DTD/xhtml1-transitional.dtd">
<html xmlns="http://www.w3.org/1999/xhtml">
<head>
<meta http-equiv="Content-Type" content="text/html; charset=UTF-8" />
<title>Insert title here</title>
</head>
<body>
<h2>这里是 Include 的主程序</h2>
<h2>以下是 Include 动作示例</h2>
<jsp:include page="Date.jsp" flush="true" />
</body>
</html>
```

代码运行结果如图 3-53 所示。

图 3-53　Include.jsp 的运行结果

代码的解析如下。

（1）在<body>中，因为<jsp:include page="Date.jsp" flush="true" />
这条语句调用了 Date.jsp 中的内容，所以在 Include.jsp 的页面中显示了 Date.jsp 中的内容。

（2）语句中的 flush="true"代表布尔属性，用于刷新缓冲区。

注意：之前在指令中也有<%@ include file="文件相对 URL 地址" %>，同样也
包含一个文件，那么这个指令中的 include 和动作中的 include 有什么不同呢？

再做一个练习，新建一个 include1.jsp。在文件开始处包含<%@ include file=
"Date.jsp"%>，代码如下。

```
<?xml version="1.0" encoding="UTF-8" ?>
<%@ page language="java" contentType="text/html; charset=UTF-8"
pageEncoding="UTF-8"%>
<%@ include file="Date.jsp" %>
<!DOCTYPE html PUBLIC "-//W3C//DTD XHTML 1.0 Transitional//EN"
"***w3***/TR/xhtml1/DTD/xhtml1-transitional.dtd">
<html xmlns="***w3***/1999/xhtml">
<head>
<meta http-equiv="Content-Type" content="text/html; charset=UTF-8" />
<title>Insert title here</title>
</head>
<body>
<h2>这里是 Include 的主程序</h2>
<h2>以下是 Include 动作示例</h2>
</body>
</html>
```

代码运行结果如图 3-54 所示。

图 3-54 include1.jsp 的运行结果

可以看到图 3-53 中内容和图 3-54 中内容的位置发生了变化。以此可以得到以下结论。

include 指令是在 JSP 文件转换成 Servlet 的时候引入文件的，而 jsp:include 动作则是在页面被请求的时候插入文件的。因为 JSP 的编译发生在前，请求发生在后，所以显示的内容的位置也发生了变化。

7. JSP 隐式对象

JSP 隐式对象是 JSP 容器为每个页面提供的 Java 对象，开发者可以直接使用它们而不用显式声明。JSP 隐式对象也称为预定义变量。

JSP 所支持的 9 个隐式对象如表 3-5 所示。

表 3-5　9 个隐式对象

语　　法	描　　述
request	HttpServletRequest 类的实例
response	HttpServletResponse 类的实例
out	JspWriter 类的实例，用于把结果输出至网页上
session	HttpSession 类的实例
application	ServletContext 类的实例，与应用上下文有关
config	ServletConfig 类的实例
pageContext	PageContext 类的实例，提供对 JSP 页面中的所有对象以及命名空间的访问
page	类似于 Java 类中的 this 关键字
Exception	Exception 类的对象，代表发生错误的 JSP 中对应的异常对象

在这些隐式对象中，主要介绍 out 和 exception。

1）Out 对象

对比之前 Servlet 中的 Hello World，Servlet 中的 out 是在声明后使用的，真正用来处理输出的是 getWriter()方法。而在 JSP 中，out 可以不声明而直接使用。

在 Servlet 中 out 的示例用法如下所示。

```java
public void init(ServletConfig config) throws ServletExcepti
    message = "Hello World";
}

/**
 * @see HttpServlet#doGet(HttpServletRequest request, HttpSe
 */
protected void doGet(HttpServletRequest request, HttpServlet

    response.setContentType("text/html");
    PrintWriter out = response.getWriter();
    out.println("<h1>" + message + "</h1>");
}
```

在 JSP 中 out 的示例用法如下所示。

```
<body>
<%
    out.println("Hello World!");
%>
</body>
```

不过 JspWriter 类和 PrintWriter 类还是有一些不一样的地方。

（1）JspWriter 类包含了 java.io.PrintWriter 类中的大部分方法。不过，JspWriter 类新增了一些专为处理缓存而设计的方法。所以 JspWriter 类相当于一个带缓存功能的 PrintWriter 类，它不是直接将数据输出到页面，而是将数据刷新到响应的缓冲区后再输出。而 response.getWriter 直接输出数据。

（2）JspWriter 类会抛出 IOExceptions 异常，而 PrintWriter 类不会。

2）Exception 对象

Exception 对象包装了从先前页面中抛出的异常信息。它通常用来对出错条件产生适当的响应。表 3-6 列出了 Exception 对象的 Throwable 类中一些重要的方法。

表 3-6 Throwable 类中的重要方法

方 法	描 述
public String getMessage()	返回异常的信息。这个信息在 Throwable 构造函数中初始化
public ThrowablegetCause()	返回引起异常的原因，类型为 Throwable 对象
public StringtoString()	返回类名
public void printStackTrace()	将异常栈轨迹输出至 System.err
public StackTraceElement [] getStackTrace()	以栈轨迹元素数组的形式返回异常栈轨迹
public ThrowablefillInStackTrace()	使用当前栈轨迹填充 Throwable 对象

接下来，利用 getMessage()实现一个异常捕获的示例。

8. 异常捕获的示例

该示例采用 getMessage()方法来实现。

```
<?xml version="1.0" encoding="UTF-8" ?>
<%@ page language="java" contentType="text/html; charset=UTF-8"
    pageEncoding="UTF-8" %>
<!DOCTYPE html PUBLIC "-//W3C//DTD XHTML 1.0 Transitional//EN"
"***w3***/TR/xhtml1/DTD/xhtml1-transitional.dtd">
<html xmlns="***w3***/1999/xhtml">
```

```
<head>
<meta http-equiv="Content-Type" content="text/html; charset=UTF-8" />
<title>Exception Example</title>
</head>
<body>
看看除数为零会出现什么样的结果?
<% try{
 int x=1;
 x=x/0;
 out.println(x);
 }catch(Exception e){
    out.println("An exception occurred: " + e.getMessage());
 }
%>
</body>
</html>
```

9. 读取外部异常处理文件的示例

本示例主要使用以下语句。

```
<%@ page errorPage="ErrorPage.jsp" %>
<%@ page isErrorPage="true" %>
```

代码如下。本示例中共两个文件，一个是主程序，一个是异常跳转页面，主程序调用异常跳转页面。

主程序 ReadError.jsp 的代码如下所示。

```
<?xml version="1.0" encoding="UTF-8" ?>
<%@ page language="java" contentType="text/html; charset=UTF-8"
    pageEncoding="UTF-8" errorPage="MyErrorPage.jsp" %>
<!DOCTYPE html PUBLIC "-//W3C//DTD XHTML 1.0 Transitional//EN"
"***w3***/TR/xhtml1/DTD/xhtml1-transitional.dtd">
<html xmlns="***w3***/1999/xhtml">
<head>
<meta http-equiv="Content-Type" content="text/html; charset=UTF-8" />
<title>This is the main page.</title>
</head>
<body>
<%
int x=1;
if(x==1){
```

```
x=x/0;
throw new RuntimeException();//new 用来构造一个 RuntimeException 实例
}
 %>
</body>
</html>
```

异常跳转页面 MyErrorPage.jsp 的代码如下。

```
<?xml version="1.0" encoding="UTF-8" ?>
<%@ page language="java" contentType="text/html; charset=UTF-8"
    pageEncoding="UTF-8" isErrorPage="true" %>
<!DOCTYPE html PUBLIC "-//W3C//DTD XHTML 1.0 Transitional//EN"
"***w3***/TR/xhtml1/DTD/xhtml1-transitional.dtd">
<html xmlns="***w3***/1999/xhtml">
<head>
<meta http-equiv="Content-Type" content="text/html; charset=UTF-8" />
<title>This is a ErrorPage.</title>
</head>
<body>
<p>Sorry, an error occurred.</p>
<%exception.printStackTrace(response.getWriter()); %>
</body>
</html>
```

3.3 Web 测试技术

本节主要介绍与 Web 系统相关的测试技术，主要包括以下几个方面：
- Web 系统的通用功能测试；
- Web 系统的易用性测试；
- Web 系统的性能测试；
- Web 系统的兼容性测试；
- Web 系统的安全性测试。

3.3.1 功能测试

1. 功能测试概述

功能测试通常从以下几个方面来对软件测试进行评估。
- 软件是否正确实现了需求规格说明书中明确定义的需求？

- 软件是否遗漏了需求规格说明书中明确定义的需求？
- 软件是否实现了需求规格说明书中未定义的需求？
- 软件是否对异常情况进行了处理？
- 软件是否满足了用户的需求？

2. 链接测试

在大多数情况下，功能测试主要关注业务逻辑层面。本书介绍的功能测试则忽略具体系统的业务逻辑，主要关注 Web 系统通用的一些测试点。对于 Web 系统的功能测试，我们不能只单纯地停留在对浏览器前端的功能进行测试，而应该从 Web 系统的整个体系结构入手，对构成该系统的每一个要素进行测试，如前端页面、网络协议、服务器、后台数据库等方面。

对页面的超链接测试主要包含如下几点。

- 超链接与说明文字相匹配，不能文字说明可链接到某个网站，实际上却链接到别的网站。
- 超链接对应的 URL 存在，不能出现 404 找不到页面的错误。
- 超链接未链接到任何地址，什么都不做。
- 链接的描述必须简短。
- 可使用 Xenu 这类工具来测试超链接。

图 3-55 展示了冗长和简短的链接。

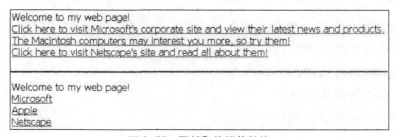

图 3-55　冗长和简短的链接

使用 Xenu 检查死链接。在检查结果中，绿色的状态表示正常，红色的表示错误的链接，需要将这些链接提供给开发人员，如图 3-56 所示。

3. 表单测试

因为表单是系统与用户交互主要的媒介，所以表单测试包含的内容非常多。其实，但凡有输入的地方，是最容易出现问题的地方。其主要问题在于系统无法考虑到所有可能的异常输入，谁也不知道用户在输入时的具体想法。

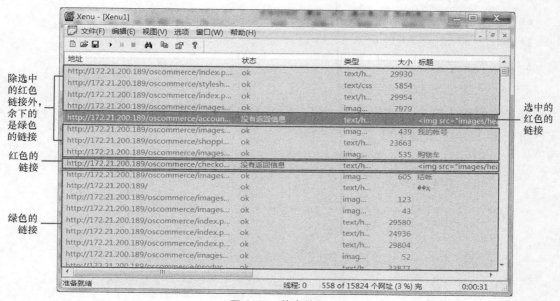

图 3-56 检查结果

（1）输入框的长度限制（可使用 maxlength 这个 HTML 属性来限制）。

（2）输入框的类型限制。如果只能输入数值，那么不允许输入其他与数值无关的值。

（3）输入框的模式匹配。如果输入框只允许输入日期格式，那么需要匹配格式，一些不满足日期格式要求的不应该被接受。

（4）表单界面的显示方式有文字环绕、随窗口大小调整页面大小。

在以下表单中，可测试的内容有功能和 UI。

对于功能，可测试的内容如下。

- 内容的正确性，通过提交的数据库内容或者返回的页面信息进行判断。
- 每个字段的等价类和边界值测试。
- 每个字段的类型和实际所接受的数据类型（数字、文本、日期）。
- 页面源代码的正确性。
- 必填项。
- 下拉列表的选择性和可填性。

- 　下拉列表中可供选择的内容。
- 　单选框的独选性。
- 　长文本的滚动条。
- 　文本框的格式化。

对于 UI，可测试的内容如下。

- 　页面文字的正确性。
- 　页面缩放带来的文字环绕。
- 　界面输入框可承载的长度，超过最大长度是否不显示？

图 3-57 展示了示例 UI。

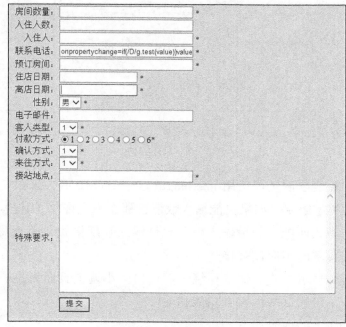

图 3-57　示例 UI

4．Cookie 测试

　　Cookie 提供了一种在 Web 应用程序中存储用户特定信息的方法，例如，存储用户的上次访问时间等信息。假如不使用 Cookie 存储一个网站的用户行为，那么在用户选择几件商品之后，转到结算页面，系统如何才能知道用户之前选择了哪些商品？因为 Cookie 的一个作用就是记录用户每一步的操作，而系统不仅存储 Cookie，还读取 Cookie。也就是说，系统和用户之间是一个交互过程。

Cookie 测试的主要作用如下。

- 测试 Cookie 的作用域是否合理。
- 测试保存一些关键数据的 Cookie 是否加密。
- 测试 Cookie 的过期时间是否正确。

在测试之前，首先要了解被测的 Web 系统在哪里使用了 Cookie。可以查看 Web 系统的设计文档、功能说明书，或者直接询问开发人员。除此之外，还有更加直接的办法。

（1）找到计算机中存储 Cookie 的目录。

（2）删除所有 Cookie。在 IE 浏览器中，Cookie 与缓存的临时文件存储在一起。可使用 IE 浏览器中的删除 Cookie 功能来删除所有 Cookie，如图 3-58 所示。

（3）设置 IE 浏览器，当使用到 Cookie 时自动提示。

如果想确切知道测试的 Web 系统在何处使用了 Cookie，可以对 IE 浏览器进行一些设置，让 IE 浏览器在使用 Cookie 时自动弹出提示窗口。这样在测试时就能知道在什么时候、在什么操作中使用到了 Cookie。在 IE 浏览器中的设置方法是从 IE 菜单中选择"工具→"Internet 选项"，在弹出的"Internet 选项"对话框中，切换到"隐私"选项卡，在"设置"选项组中，调整滑块的位置，单击"确定"按钮，如图 3-59 所示。

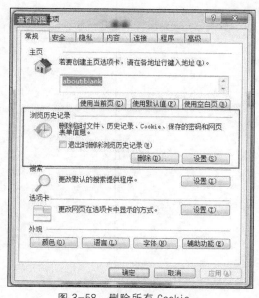

图 3-58　删除所有 Cookie

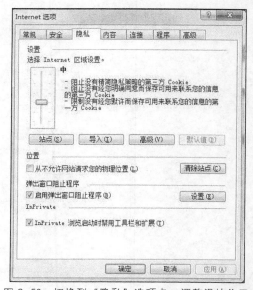

图 3-59　切换到"隐私"选项卡，调整滑块位置

单击"高级"按钮，弹出的"高级隐私设置"对话框如图 3-60 所示。

在弹出的"高级隐私设置"对话框中，勾选"替代自动 cookie 处理"复选框，在"第一方 Cookie"选项组中单击"提示"单选按钮，在"第三方 Cookie"选项组中也单击"提示"单选按钮，然后单击"确定"按钮。这样，当 Web 页面使用到 Cookie 时，IE 浏览器会自动弹出图 3-61 所示的"隐私警报"界面。

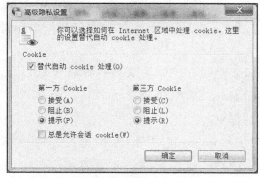

图 3-60　"高级隐私设置"对话框

图 3-61　"隐私警报"界面

单击其中的"详细信息"按钮，可以看到图 3-62 所示的 Cookie 详细信息。这包括 Cookie 的名称、域、路径、数据、过期时间等信息。

图 3-62　"隐私警报"界面中 Cookie 的详细信息

接下来说明 Cookie 的测试方法。

1）屏蔽 Cookie（用例 1）

目的：这是最简单的 Cookie 测试方法，检查当 Cookie 被屏蔽时 Web 系统会出现什么问题。

（1）关闭所有浏览器实例，删除测试计算机上的所有 Cookie。在 IE 浏览器中要屏蔽 Cookie，可通过把图 3-59 所示的"隐私"选项卡中的滑块设置为"阻止所有 Cookie"来实现。

（2）运行 Web 系统中的所有主要功能，很多时候会出现功能不能正常运行的情况。系统就会提示用户必须激活 Cookie 才能正常运行 Web 系统，这时检查系统提示的 Cookie 内容和需求说明书上的 Cookie 种植点是否一致。这就是一个测试用例。

2）根据选择拒绝 Cookie（用例 2）

目的：如果某些 Cookie 被接受，某些 Cookie 被拒绝，测试 Web 系统会出现什么问题。

（1）删除测试计算机上的所有 Cookie，然后设置 IE 浏览器的 Cookie 选项，使当 Web 系统试图设置一个 Cookie 时弹出提示。

（2）运行 Web 系统中的所有主要功能。在弹出的 Cookie 提示中，接受某些 Cookie，阻止某些 Cookie。

（3）检查 Web 系统的工作情况。看 Web 服务器是否能检测出某些 Cookie 被拒绝了，是否出现正确的提示信息。有可能 Web 系统会因此而出现错误、崩溃、数据错乱，或其他不正常的行为。

3）Cookie 加密测试（用例 3）

目的：检查存储的 Cookie 文件内容，查看是否存储了用户名、密码等敏感信息，且未进行加密处理。某些类型的数据即使加密了也绝对不能存储在 Cookie 文件中，例如信用卡号。

测试方法：可以手动打开所有 Cookie 文件来查看，也可以利用一些 Cookie 编辑工具来查看。

4）Cookie 安全内容检查

Cookie 安全内容检查不仅包括前面讲的存储内容的检查，还包括以下几个方面。

- Cookie 过期日期设置的合理性：检查是否把 Cookie 的过期日期设置得过长。
- HttpOnly 属性的设置：把 Cookie 的 HttpOnly 属性设置为 True 有助于减少跨站点脚本威胁，防止 Cookie 被窃取。
- Secure 属性的设置：把 Cookie 的 Secure 属性设置为 True，在传输 Cookie 时使用 SSL 连接，这能确保数据在传输过程中不被篡改。

其中后两项可以在开发时设置。

以下是在 Chrome 浏览器中查看 Cookie 的方法。

（1）安装 Chrome 浏览器。

（2）在需要查看 Cookie 的页面上，单击地址栏前面的文本标签，然后单击"显示 Cookie 和网站数据"链接，如图 3-63 所示。

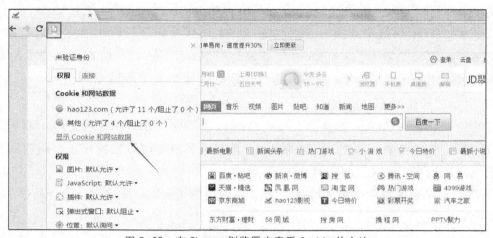

图 3-63　在 Chrome 浏览器中查看 Cookie 的方法

（3）在打开的页面中查看 Cookie。Cookie 的详细信息（包括过期时间等）如图 3-64 所示。

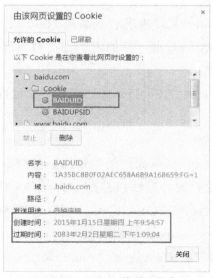

图 3-64　Cookie 的详细信息

5. 会话测试

关于会话测试，要注意以下几点。

- 会话不能过度使用，否则会加重服务器维护会话的负担。
- 要判断会话的过期时间设置得是否合理。
- 要判断会话的键-值是否对应。
- 要判断会话过期后客户端是否生成新的会话 ID。
- 要判断会话与 Cookie 是否存在冲突。

6. 脚本测试

所谓脚本测试是指对客户端的脚本（如 JavaScript 脚本）和服务器端的脚本（如 PHP 脚本）进行的测试，可以使用白盒或黑盒测试方法来完成这一类测试。其目的在于不仅从应用层面关注相应的脚本功能，还应该在代码层面也做好比较完整的验证。

7. 文件上传测试

文件上传的功能测试主要关注如下几点。

- 只能上传允许的附件类型。
- 不能上传脚本或可执行文件。
- 不能单纯地以扩展名来判断文件类型。
- 浏览文件后，将目标文件删除这种异常情况可以正常处理。
- 在上传超大文件时可以正常处理，比如给出提示信息等。
- 对于上传的文件，应该提供查看的界面。
- 上传的文件不应该直接保存在数据库中，而应将文件保存在服务器端的硬盘上，并且在数据库中保存该文件的基本信息。
- 文件上传到服务器端后应该重命名，防止文件名冲突。

8. 数据库测试

数据库测试主要关注如下几点。

- 判断数据库的表结构是否合理。
- 判断表与表之间的关系是否清晰，主键和外键的设置是否合理。
- 判断列的类型和长度的定义是否满足功能与性能方面的要求。
- 判断索引的创建方式是否合理。

- 判断存储过程是否功能完整。可以使用 SQL 语句对存储过程进行详细测试，而不单是从黑盒层面进行测试。
- 可以使用常见的一些数据库测试工具，如 DBFactory、DBUnit、SQLUnit 等。

3.3.2　易用性测试

易用性测试也叫可用性测试，主要是测试 Web 的界面是否人性化，是否简单易懂，普通用户是否不需要复杂的培训就能上手操作。

以下是某个 Web 系统进行易用性测试时提出的一些问题。

- 我登录失败的时候没有任何提示，这没什么，反正提示也只说明失败……
- 登录后发现颜色变得很刺眼，不过多看几次就习惯了。
- 单击某个链接的时候出现错误页面，刷新后就好了，难道是随机错误？
- 保存文字的时候没有提示成功，不过能成功保存就行了。
- 浏览记录的时候竟然出现错误页面，原来我没有选记录就浏览了，难道我操作不规范？

对比图 3-65 和图 3-66 中的两张图片。

图 3-65　易用性差

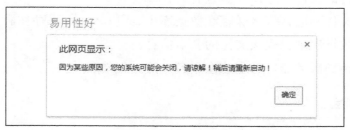

图 3-66　易用性好

1. 站点整体布局

首先，在设计开发一个 Web 系统之前，需要明确站点的整体风格，这不仅是美工的事情，这还是测试人员的事情。比如，如果某个站点是提供儿童相关服务的，那么页面布局要更加卡通，最好图片居多，文字少用。另外，在颜色方面，通常选择儿童喜欢的粉红色或紫色等。而如果网站是一个讨论技术的网站，那么就应该严肃一些，给用户以信任感，不能做得太过花哨。如果站点是一个电子商务网站，那么就应该更多关注商品的信息，并且需要给人一种交易的安全感。

然后，整个站点应该具有统一的配色，统一的排版，统一的操作方式，统一的提示信息，统一的内容布局。使用 CSS 可以更好地实现这一目标。

整个页面的排版必须松弛有度，内容不能太挤，也不能距离太大。

2. 页面导航

对于网站的首页来说，导航功能非常重要，不仅要在首页中找到重要模块的链接，同时还不能把站点的所有相关链接放在首页上。对于页面导航，应尽量使用最小化原则，只将重要且必须要让用户了解的功能放置在首页。在其他子页面中最好只将一些与功能相关的链接放置上来就可以了。比如，图 3-67 所示为 ECShop 的首页，其导航栏布置在顶部和左边。

图 3-67　ECShop 的首页

3. 图形内容风格

网站的整体配色和页面上的各类图片、图标需要统一风格。同样，在图 3-67 中，整个页面的颜色和布局很统一。文字以黑色为主，背景以灰色为主，并且正文中的各个功能点之间用线条分隔开，使用户一目了然。

对于图片，除了风格统一外，还需要考虑图片的大小、格式。如果图片太大，会占用较大带宽来进行传输，从而会加长用户的等待时间。

4. 页面内容

网页中的文字内容毫无疑问是最常见的一种信息媒介了。对于内容，需要关注的测试点非常多，总结如下。

- 内容应该是正确的，不会误导用户。
- 内容应该是合法的，不会违法。
- 内容应该是符合语法规则的。
- 内容的排版应该是整齐统一的
- 内容的字体和颜色应该是全站统一的。
- 对用户误操作的提示信息应该是精确的，而不是模棱两可的。

5. 快捷方式

并不是每个系统都需要快捷键，如果只浏览内容，则用户通常更喜欢直接单击，而不是以键盘来操作。但是在用户需要录入数据时，鼠标操作就比较麻烦，最理想的方式是两只手最好都不要离开键盘，这样可以显著提升用户的录入速度。最典型的就是 Tab 键可以在输入框之间跳转，因此 Tab 键的跳转顺序就需要有一定的规律，不能乱跳。另外，通常，当用户输入完成并打算提交时，喜欢按 Enter 键，因此应该为用户提供这样的快捷方式。

6. 区域文化

当今的互联网直接向全世界网民开放，因此站点也应该有这种国际化意识。国际化绝不仅是提供一个多语言版本就可以搞定的，还需要考虑不同语言的人群在文化上的差异。比如，美国人习惯于日期显示为 MM/DD/YYYY 格式，如 05/05/2011；而中国人通常不喜欢这样的显示方式，更喜欢显示为 2011 年 5 月 5 日。再比如，美国人在表达数字时通常喜欢每 3 位加一个逗号，因为英文 one thousand 就指 1000，one million 就指 1 000 000，one billion 就指 1 000 000 000，所以一旦每 3 个数之间用逗号分隔，他们一眼就能确定这个数的大小。因此，我们也能理解为什么英文单词中没有"万"这个词了。而我们没有在数字之间加逗号这种表达方式，10 亿对于我们来说就是 1 000 000 000，加上逗号反而不习惯。

类似的文化差异还有很多，我们需要做好测试，特别是在需要开发国际化版本时，更要注意这些细节。

7. 用户群体

系统的目标用户群体将是最直接的使用者，对于不同的目标群体，站点在进行可用性测试时，其关注点也是不一样的。

- 对于儿童类站点，应以可爱、有吸引力为主，多用动画和图片，少用文字。
- 对于少儿类站点，以传授知识为主，图片和文字相结合。
- 对于成年人站点，要适当时尚一点，不能太单调。事实上，目前大部分网民是成年人。针对这一类人群，就需要结合网站提供的服务来综合考虑了。
- 对于老年人，要字大、字少。

8. 其他注意事项

除了以上方面，还有其他一些关注事项。

- 页面布局与客户端分辨率要匹配，特别是现在很多用户使用手机上网，手机的分辨率通常比计算机更低，我们需要考虑到这一特性。其实现在很多网站专门为手机客户端定制了页面，而不与计算机使用同一页面布局，甚至直接将页面访问集成到一个定制的客户端中。
- 不要出现水平滚动条。目前绝大部分鼠标只能上下滚动，而不能左右滚动，如果页面出现水平滚动条，那么这将极大影响用户的体验。
- 重要信息或大纲级的内容应该以不同的方式高亮显示，而不能所有的内容使用同一种字体，找不到重点。

3.3.3 性能测试

性能测试主要用于评价一个网络应用系统（分布式系统）在多用户访问时系统的处理能力。性能测试主要关注系统上线时的性能指标评估，在高负载高压力时系统是否能稳定工作，以及长时间运行时的稳定性等。

1. 性能测试的关注点

- 判断客户端的响应时间是否满足要求，评估系统处理速度是否达标。
- 判断服务器端的资源使用情况是否合理，评估系统硬件配置是否合理。
- 判断应用服务器和数据库资源使用情况是否合理，评估服务器资源使用情况是否合理。
- 判断最大访问数、最大业务处理量是多少，评估系统处理能力。
- 分析系统可能存在的瓶颈在哪里。

- 判断能否支持 7×24 小时的业务访问，评估系统的稳定性。
- 判断架构和数据库的设计是否合理，便于对系统进行优化。
- 判断内存和线程资源是否能正常回收，评估系统崩溃的风险。
- 判断代码或者 SQL 语句是否存在性能问题。
- 如果系统出现不稳定情况，分析其可恢复性如何。

2．性能测试的原理

对于 Web 应用程序，通常我们会从 3 个方面来进行测试，分别是代码层面、应用层面和协议层面。只有将这 3 个层面都覆盖了，才能确保测试的完整性，对于 Web 系统更是如此。

协议级自动化测试通常包含基于协议的功能测试和性能测试两个部分。

- 基于协议的功能测试的原理是，从客户端的角度发送协议数据包（通常称为请求）到服务器端，并通过检查服务器端返回的响应内容来测试其功能。
- 基于协议的性能测试的原理是，通过模拟大量客户端（也叫负载）向服务器端发送请求，来评估服务器端的处理能力和系统的响应时间等性能指标，同时也需要关注在高负载的情况下系统在功能上是否正常，从而验证系统的稳定性。

对于基于协议的性能测试，只需要满足如下 3 个条件即可。

- 基于协议：当通过协议发送请求时，只关注请求与响应，忽略软件产品在界面级的操作。
- 多线程并发：当多线程并发向服务器提交请求时，对服务器进行负载和压力测试。
- 模拟真实场景：必须真实再现用户场景，否则性能测试数据将没有参考价值。

3．性能测试方法

通常使用两种方法来进行性能测试，一种为负载测试，一种为压力测试。这两种方法最主要的差别如下。

- 负载测试关注的是不同负载水平下系统的性能指标，主要用于评估系统性能指标。比如，可以评估系统在 50 个并发用户时的性能指标，在 100 个并发用户时的性能指标，在 200 个并发用户时的性能指标。50 个用户、100 个用户、200 个用户就是指不同的负载水平。通过这种方法可以确定系统的最大用户数和最佳用户数。最大用户数是指系统的负载极限，比如，CPU 利用率达到 100%，或者网络带宽被占满，或者响应时间很慢，任何一个指标达到极限都意味着系统已经到达极限了，这可以用于确定系统的瓶颈。最佳用户数则是指在当前负载水平下系统的各方面都表现良好，而又不存在资源浪费。比如，如果 CPU 利用率只有 20%，则说明 CPU 中很大的处理能力被浪费了，它最好在 80%左右，其他指标也可以用 80%作为一个判断标准。

- 压力测试则关注在超高负载（超过系统最大用户数）的情况下，系统是否还能稳定运行，如果不能稳定运行，那么系统还能坚持多久。在系统慢慢崩溃的过程中，它表现出来了怎样的特征。压力测试不需要考虑性能指标（毫无疑问，性能指标肯定是无法满足的），其重点是关注系统是如何失效的，以便于系统正式上线后采取风险控制措施。系统正式上线后若出现了性能问题，我们可以快速定位到问题的根源，并对其进行修复。另外，最好不要让系统出现性能问题，在压力测试完成后就开始着手对系统进行优化或者使用改进算法（比如使用排除机制），避免系统在运行时超过其最大用户数。

一般会使用测试工具进行性能测试，如 LoadRunner、QALoad、JMeter 等。在后面会对 LoadRunner 这个性能测试工具进行详细说明，读者先对性能测试有一个大致的了解。

3.3.4　兼容性测试

1. 服务器平台的兼容性测试

服务器端的兼容性测试主要指同一个软件需要在不同的 Web 服务器版本下进行测试，连接不同的数据库，或者使用不同的网络环境时是否都能正常工作。

2. 客户端平台的兼容性测试

客户端平台的兼容性测试主要指浏览器版本的兼容性，以及客户端硬件平台的兼容性测试。现在有很多用户使用手机访问互联网，因此就需要考虑到这一类群体的使用需求。

比如，对于 B/S 架构的系统，一般不仅要测试 IE6、IE7、IE8、IE9、IE11 这几个 Windows 系统主流浏览器的兼容性，还需要测试用户常用的其他浏览器（如 Chrome、Firefox、360 等）。我们可以观察一下访问 SourceForge 这个站点时 IE6 和 IE8 的区别，如图 3-68 所示。

另外，对于现有的手机系统（如 iOS、Android、Windows Mobile 等），其内置的浏览器也不一样。如果我们的系统需要考虑移动互联网，则同样需要对其进行手机浏览器的兼容性测试。现在很多的电商正是考虑到了浏览器的兼容性，越来越多地开发手机端的 App 来规避这种风险。手机端的 App 同样也需要测试平台兼容性，对于这类 C/S 系统的测试，在这里就不展开了。

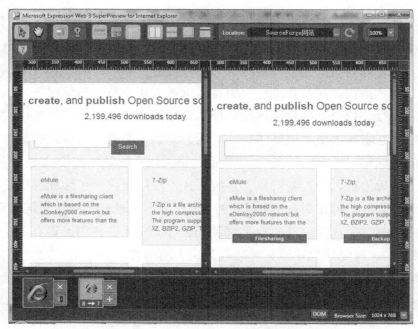

图 3-68　访问 SourceForge 站点时 IE6 和 IE8 的区别

3. 浏览器兼容性测试案例

对于浏览器的兼容性测试，首先要进行浏览器的配置测试。在图 3-69 中，各种配置的组合对测试结果会产生影响。具体的组合方式需要参考被测 Web 系统的需求规格说明书。

（a）

（b）

图 3-69　各项配置

有时，兼容性测试需要同时考虑操作系统、浏览器、插件和脚本等多种因素，因此使用表 3-7（a）和（b）所示的二维表来进行测试会很方便。

表 3-7　二维表

（a）

浏览器	Applets	JavaScript	Activex	PHP
IE6				
IE8				
Edge				

（b）

操作系统	IE8	Firefox	Chrome	Safari
Windows 2008				
Windows 7				
Windows 10				

3.3.5　安全性测试

在软件测试领域，单纯从技术层面来看，性能测试和安全性测试是最具有技术含量的两种技术，其次是自动化测试和白盒测试。从非技术角度考虑，软件测试的分析和设计是最有难度的。而事实上，性能测试和安全性测试也是很容易被测试人员忽略的领域。一方面，性能测试和安全性的技术复杂度高；另一方面，性能测试和安全性测试受软件项目的进度安排等因素影响。

安全性测试是验证应用程序的安全服务和识别潜在安全性缺陷的过程。由于攻击者没有闯入的标准方法，因此也没有实施安全性测试的标准方法。另外，目前几乎没有可用的工具来彻底测试各个方面的安全性。由于应用程序中的功能错误也可代表潜在的安全性缺陷，因此在实施安全性测试以前需要实施功能测试。

有一点很重要，应注意安全性测试并不能最终证明应用程序是安全的。它只用于验证所设立对策的有效性，这些对策是基于威胁分析阶段所给出的假设而选择的。测试人员要想做好安全性测试，就应该扮演一个黑客来尝试对系统发起各种攻击或尝试非法输入，来验证系统基于安全策略是否可以正常处理这些状况，屏蔽安全风险。

Web 系统的安全性测试类型可以归结为如下几类。

- 认证与授权测试，用于验证用户的登录和权限是否正常。
- 会话与 Cookie 测试，用于验证会话和 Cookie 不会导致信息泄露和认证错误。
- 文件上传漏洞测试，避免非法文件上传使服务器安全受到攻击。
- SQL 注入测试，用于验证系统不会因为非法输入而修改 SQL 语句的运行顺序，导致信息泄露甚至数据库内容被篡改。
- XSS 攻击测试，用于验证系统不会因为非法输入脚本的执行导致其他客户端受到安全威胁。
- 分布式拒绝服务攻击（Distributed Denial of Service，DDOS）测试，是指利用合理的服务请求来占用过多的服务资源，从而使服务器无法处理合法用户的请求，甚至直接导致服务器崩溃的测试。
- 敏感信息由于错误消息而被泄露的测试。如果由于用户的输入不合法并抛出错误消息，那么这类错误消息必须是处理过的，不能将原始异常消息抛出，这样容易暴露很多服务器端的关键信息。
- 关于日志系统的测试。使用日志系统来记录各种操作，便于跟踪各种可能的安全攻击形式。
- 在客户端和服务器端的输入测试。使用 JavaScript 对客户端的输入（如长度、数据类型、格式等）进行验证的同时，在服务器端脚本中也需要同步进行验证，避免因为使用代码或工具向服务器直接发送数据包而绕开使用 JavaScript 进行验证的安全风险。

下面简单解释几种重要的类型。

1. 验证与授权

验证（authentication）主要是指用户在使用系统之前需要先登录，使用用户名和密码进行系统验证，只有登录成功后才可以使用系统。这是系统安全的基本要求。主要考虑的安全策略如下。

- 登录失败的错误提示消息不应该明确告知是用户名不存在还是密码错误，避免客户端使用暴力破解方式。
- 在必须登录成功后才能访问的页面中需要用会话对客户端进行验证，确认当前会话已经登录过，否则访问该页面时应该自动跳转到登录页面。避免客户端直接在 URL 栏输入某个地址进行访问，从而绕开登录验证。
- 密码需要使用密码强度策略，比如必须包含大写字母、小写字母和特殊字符，长度必须大于 8 位。

- 设置登录失败后的限制策略。比如 5 次登录失败后，应该暂停该用户登录，并将该信息发送给系统管理员，并告知其客户端的 IP 地址。
- 登录时应该使用图片验证码，包括后续的一些表单提交动作都要使用图片验证码。避免使用工具发送数据包，目前的图片验证码是最可靠的防攻击手段之一。

授权（authorization）主要是指用户所具有的权限，这也是系统安全策略之一，主要包含以下策略。

- 用户只能访问被授权的模块和功能。
- 用户不能通过直接输入 URL 的方式进行越权访问。
- 权限的控制只能由系统管理员来维护，其他用户不能进行任何修改。
- 权限控制要细，最好细到增删查改这种功能上，并且不同模块有不同的权限。

2. 会话与 Cookie

虽然对于会话与 Cookie 的测试可以将重点关注在功能方面，但是我们仍然不能忽视它们的安全性测试，比如以下几个方面就是要考虑的问题。

- 在对客户端生成会话 ID 时最好与 IP 地址绑定，避免非法客户端获取到别人的会话 ID 后冒充合法用户。
- 由于 Cookie 信息保存在客户端，并且是公开的，因此对于关键信息需要加密处理。
- Cookie 的作用域需要定义清楚，不能全部定义成"/"，这样很有可能造成虚拟目录之间的 Cookie 信息互相影响，产生冲突。除非站点只有一个虚拟目录，才能不造成 Cookie 信息冲突。
- 一些重要的具有控制功能的数据不能保存在 Cookie 中，必须将它们保存在会话中，避免人为地篡改 Cookie 以非法获取系统控制权。不能通过 Cookie 中保存的某个值来判断用户是否已经登录了。

3. 文件上传漏洞

除了通过表单提交数据外，文件上传也是用户向服务器提交数据的一种方式。对于文件上传，也有很多需要测试的地方，具体如下。

（1）对文件类型进行过滤，比如只允许上传图片或压缩文件。在此，需要特别注意的是，不允许用户上传可执行程序或代码，比如.php、.asp 或.jsp 等文件不能上传，.exe、.bat 或.vbs 等可执行程序也不能上传。

（2）不能单纯地以文件的扩展名来进行类型的判断。一个文件的扩展名只是一个标识而已。如果一个文件是文本文件，不可能将其改为.exe 的扩展名之后它就可以执行了，同样不会因为把扩展名改成.jpg 它就变成图片了。因此，应该使用二进制方式对文件类型进行判断，比如，要测试一下在 PHPwind 论坛发帖时对文件类型的验证，可以上传一个扩展名为.jpg 的 PHP 脚本，看看系统是否能够做出正确的判断。

（3）不能单纯地在客户端使用 JavaScript 对文件类型进行判断，也应该在服务器端进行判断。

（4）上传文件的大小必须有限制，否则很有可能将服务器硬盘塞满，系统直接崩溃。同时，应该禁止同一个 IP 地址连续上传文件，这很有可能是攻击。

4．SQL 注入

SQL 注入是现在普遍使用的一种攻击手段，指的是通过把非法的 SQL 命令插入 Web 表单中或页面请求查询字符串中，最终达到欺骗服务器执行恶意 SQL 语句的目的。SQL 注入一旦成功，轻则直接绕开服务器验证，直接成功登录；重则将服务器端数据库中的内容一览无余；更有甚者，直接篡改数据库内容。

如果在 username 文本框中输入'or 1=1#，密码随便输入，合成后的 SQL 查询语句如下。

```
select * from users where username='' or 1=1#' and password=md5('')
```

"#"在 MySQL 中是注释符，#号后面的内容将被 MySQL 视为注释内容，这样它就不会被执行了。换句话说，

```
select * from users where username='' or 1=1#' and password=md5('')
```

等价于

```
select * from users where username='' or 1=1
```

因为 1=1 永远都是成立的，即 where 子句总是为真，所以将该 SQL 语句进一步简化之后，等价于 select * from users。

5．XSS 攻击

XSS 攻击又叫 CSS（Cross Site Script，跨站脚本）攻击。它指的是恶意攻击者往 Web 页面里插入恶意的 HTML 和 JavaScript 代码，当用户浏览该页之时，嵌入 Web 里面的 HTML 代码会执行，从而达到恶意攻击用户的特殊目的。XSS 攻击主要针对的对象是系

统用户，不会对系统服务器本身产生什么危害。

图 3-70 所示的图片形象地描述了 XSS 攻击的过程。

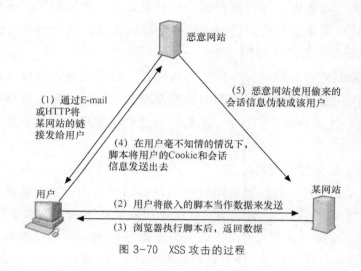

图 3-70　XSS 攻击的过程

6. DDOS 攻击

DoS 攻击的方式有很多种，最基本的 DoS 攻击就是指利用合理的服务请求来占用过多的服务资源，从而使服务器无法处理合法用户的指令。而 DDoS（分布式 DoS）则是指利用多台计算机作为客户端，来对服务器发起非法请求，请求数量越大，越容易使服务器瘫痪。比如在前面讲的性能测试中，就模拟大量用户来访问服务器，这种技术使用得当可以对服务器的性能和瓶颈进行分析，如果用于非法目的，就可以直接对服务器发起攻击。

DDOS 攻击的主要手段如下。

- SYN 变种攻击

发送伪造源 IP 地址的 SYN 数据包，但数据包不是 64 字节而是上千字节。这种攻击会造成一些防火墙处理错误，导致死锁，在消耗服务器 CPU 内存的同时还会堵塞带宽。

- TCP 混乱数据包攻击

发送伪造源 IP 地址的 TCP 数据包，TCP 头的标识部分是混乱的，可能是 SYN、ACK、SYN+ACK、SYN+RST 等，会造成一些防火墙处理错误，导致死锁，在消耗服务器 CPU 内存的同时也会堵塞带宽。

- 针对 UDP 的攻击

很多聊天室、视频和音频软件，是通过 UDP 传输数据包的。攻击者对要攻击的网络软件协议，发送和正常数据一样的数据包，这种攻击非常难以防护。一般防火墙通过拦截攻击数据包的特征码来进行防护，但是这样会造成正常的数据包也会被拦截。

- 针对 Web 服务器的多连接攻击

控制大量被控制的计算机同时连接并访问网站，造成网站无法处理从而瘫痪。这种攻击和正常访问网站是一样的，只是瞬间访问量增加几十倍甚至上百倍。有些防火墙可以通过限制 IP 地址连接数来进行防护，但是这会造成正常用户多打开几次网站就被封锁的现象。

- 针对 Web 服务器的变种攻击

一方面，使大量被控制的计算机同时连接并访问网站，一旦连接建立就不断开，一直发送一些特殊的 GET 请求，造成网站数据库或者某些页面耗费大量的 CPU。通过限制 IP 地址连接数，这种攻击就失效了，因为每个被控制的计算机可能只建立一个连接或者只建立少量的连接。另一方面，使大量被控制的计算机同时连接网站端口，不发送 GET 请求，而发送乱七八糟的字符。大部分防火墙先分析攻击数据包的前 3 字节是否是 GET 字符，然后进行 HTTP 的分析。这种攻击不发送 GET 请求就可以绕过防火墙到达服务器，一般服务器是共享带宽的，带宽不会超过 10MB/s。所以大量被控制的计算机攻击数据包会堵塞这台服务器上共享的带宽，造成服务器瘫痪。这种攻击也非常难防护，因为如果只是简单地拦截客户端发送过来的没有 GET 字符的数据包，那么会错误地封锁很多正常的数据包，造成正常用户无法访问。

- 针对游戏服务器的攻击

因为游戏服务器非常多，所以这里介绍早期影响较大的传奇游戏。传奇游戏分为登录注册端口 7000、人物选择端口 7100，以及游戏运行端口 7200、7300、7400 等。因为游戏自身的协议设计得非常复杂，所以攻击的种类也很多，大概有几十种，而且还在不断出现新的攻击种类。这里介绍目前普遍的假人攻击。假人攻击通过被控制的计算机模拟游戏客户端自动注册、登录、建立人物、进入游戏等活动。由于假人攻击从数据协议层面模拟正常的游戏玩家，因此很难利用游戏数据包来分析出哪些是攻击哪些是正常玩家。其实，无论使用何种手法进行 DoS 攻击，都是基于网络协议来进行的。只要我们深入理解网络协议，理解网络应用系统是如何运行的，就能快速理解这些名目众多的攻击手段的原理，并在软件产品的安全性测试中防止这些攻击。

3.3.6 使用 YSlow 进行前端分析

YSlow 是雅虎公司开发的专门对 Web 页面进行整体评价的一个 Firefox 插件，它只能应用在 Firefox 浏览器中，并且需要首先安装 Firebug 插件。Firefox 插件的安装非常简单，将下载回来的插件直接拖进 Firefox 浏览器中即可。图 3-71 展示了使用 YSlow 对本机 PHPwind 站点进行评分的结果。

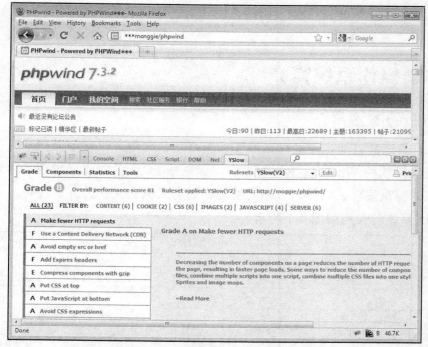

图 3-71　使用 YSlow 对本机 PHPwind 站点进行评分的结果

第4章 移动应用的测试

4.1 移动操作系统简介

4.1.1 Android 系统简介

Android 系统是目前主流的移动操作系统之一，其他主流移动操作系统还包括苹果的 iOS 系统和微软的 Windows Phone 系统。无论是 PC 端的操作系统还是移动端的操作系统，实现的都是硬件、软件、资源的管理，还有人机交互、进程管理等。

Android 系统的架构如图 4-1 所示。

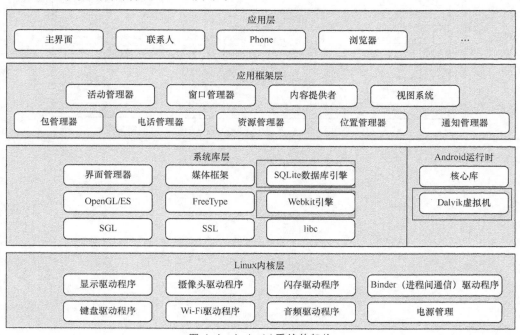

图 4-1 Android 系统的架构

Android 系统是基于 Linux 内核来开发的，因此一些常用的 Linux 命令都可以在 Android 系统上使用。不同的 Android 系统版本会对应不同的 Linux 内核版本，这可以通过 uname-a 来查看。

Android 系统分为 4 层，分别是 Linux 内核层、系统库层、应用框架层和应用层。系统库层作为测试项目师需要关注的部分主要包括 Dalvik 虚拟机、Webkit 引擎以及 SQLite 数据库引擎。

Android 应用以 Java 为主进行开发，而 Java 需要运行在 Java 虚拟机上。Dalvik 虚拟机是一种经过优化的 Java 虚拟机，将 Java 程序转换为 dex 文件。dex 文件是一种压缩文件，适合内存和处理器速度有限的情况。另外，Dalvik 虚拟机针对每个应用会运行一个实例，这样某个应用出现问题时不会影响其他应用。Dalvik 虚拟机的运行速度并不快，因为它在执行时需要从压缩包中获取各种资源文件，所以后来谷歌又推出了 ART 虚拟机来替代 Dalvik 虚拟机。ART 虚拟机占用的空间比 Dalvik 虚拟机大，但由于它不需要再从压缩包中获取各种资源文件，因此其运行速度比 Dalvik 虚拟机快。

Android 应用中可以内嵌网页，网页的解析依靠 Webkit 引擎。Webkit 引擎用于将网页中的代码变成可见的页面，这个过程称为渲染。

Android 系统支持多种数据的存储方式，包含数据库的存储，其中选用的数据库是轻量级的 SQLite 数据库。作为软件测试项目师，需要对 SQLite 数据进行检查。

应用框架层、应用层主要和移动应用开发有关。移动应用开发人员需要使用 Android Studio，测试人员会使用 SDK（位于 C:\Users\用户名\AppData\Local\Android\sdk）中的一些工具，如 ADB、aapt 等。如果只是单纯地使用 ADB 工具，谷歌有单独的 platform-tools 可供下载。

Android 有 4 大组件，分别是活动（activity）、服务（service）、广播接收器（broadcast receiver）、内容提供者（content provider）。活动相当于应用的界面，一个活动对应一个界面。服务相当于后台处理，在没有界面（比如微信应用并未运行）时，还能收到消息提醒，这其实因为有后台服务在运行。广播接收器是指广播，广播消息可以被所有应用收到。如果某个应用对于广播消息进行了处理，那就会实现一个功能。锁屏键、Home 键、Back 键会产生广播，应用可以针对相应广播消息进行处理。内容提供者用于不同应用之间的数据共享。

Android 系统的版本从开始的频繁更替到目前一年一个版本，基本情况如下。

- Android 1.0，2008 年 9 月发布，全球第一台 Android 设备是 HTC Dream。Android 在 1.0 时基本把完整的智能手机体验带给了广大用户。当然，这也包括了 Android Market。

- Android 1.5，2009 年 4 月发布，增加了虚拟键盘，之前只支持实体键盘；支持组件，可以在桌面创建音乐播放器、文件夹快捷方式等功能。

- Android 1.6，2009 年 9 月发布，支持 CDMA 网络。

- Android 2.2，2010 年 5 月发布，支持将软件安装至存储卡上。引入了即时（Just-in Time，JTI）编译技术，该技术是一种在运行时将字节码翻译为机器码从而改善字节码性能的技术。JIT 技术可以部分提高 Android 的程序执行效率，但对图形渲染、线程调度、I/O 等都无明显改善。浏览器采用 V8 JavaScript 引擎，将 JavaScript 的性能提升了 2～3 倍。

- Android 2.3，2010 年 12 月发布，提供了 Gaming API，支持近场通信（Near Field Communication，NFC），提供了电池管理功能，能够监测设备使用电量的具体方式以及设备的屏幕亮度、正在运行的应用等消耗的电量，因而可帮助充分延长电池续航时间。

- Android 3.0，2011 年 2 月发布，专为 Android 平板设计的操作系统，却是一个生命周期很短的版本，因为不兼容手机。

- Android 4.0，2011 年 4 月发布，统一了手机和平板操作系统，是基于 Linux 3.0.1 内核开发的。

- Android 4.3，2012 年 6 月发布，推出了 GoogleNow，类似于 siri。

- Android 4.4，2013 年 10 月发布，优化了各种功能，虽然没有明显的亮点，但稳定性较高，所以应用比较广泛。

- Android 5.0，2014 年 10 月发布，采用全新的 Material Design 界面，用 ART 虚拟机替换了 Dalvik 虚拟机，提升了性能。

- Android 6.0，2015 年 10 月发布，采用全新的权限机制，在原有 AndroidManifest.xml 声明的权限的基础上，新增了运行时权限动态检测，增加了付费功能。需要在运行时判断的权限包括身体传感器、日历、摄像头、通讯录、地理位置、传声器、电话、短信、存储空间。

- Android 7.0，2016 年 8 月发布，支持多视窗，通知增强，提供配置文件指导的 JIT/AOT（Ahead of Time，预先）编译。

- Android 8.0，2017 年 8 月发布，提供了 TensorFlow Lite，TensorFlow Lite 是谷歌机器学习工具 TensorFlow 的精简版，该工具可使低功耗设备跟上当今高强度的任务处理，利用新的神经网络 API 帮助底层芯片加速数据处理。Android 8.0 支持画中画，谷歌更加强调多任务处理场景中的流畅性，例如用户可以在 Netflix

上观看电影，支持将电影屏幕缩小成悬浮窗口，在看电影的同时可以查看日历、搜索信息等。Android 8.0 提供了智能文本选择功能，智能文本选择（smart text selection）功能使用谷歌的机器学习来检测何时选择地址或电话号码，然后自动将其应用于相应的应用程序。Android 8.0 提供了自动填写功能，对于用户设备上最常用的应用，Android 会帮助用户快速登录，而不用每次都填写账户名和密码。Android 8.0 提供了 Google Play Protect（它可以视为 Android 应用的病毒扫描程序），还加快了系统/应用程序的启动速度。

4.1.2 iOS 简介

iOS 是由苹果公司开发的移动操作系统。苹果公司于 2007 年 1 月 9 日的 Macworld 大会上公布了这个系统，iOS 最初是供 iPhone 使用的，后来陆续套用到 iPod touch、iPad 以及 Apple TV 等产品上。iOS 与苹果的 Mac OS X 操作系统一样，属于类 UNIX 的商业操作系统。

iOS 的整体架构如图 4-2 所示。

从上往下它分别为触摸层（touch layer）、媒体层（media layer）、核心服务层（core services layer）、核心操作系统层（core OS layer）。

| 触摸层 |
| 媒体层 |
| 核心服务层 |
| 核心操作系统层 |

图 4-2　iOS 的整体架构

- 触摸层：为应用程序开发提供各种常用的框架，并且大部分框架与界面有关。从本质上来说，它负责用户在 iOS 设备上的触摸交互操作，如 NotificationCenter 的本地通知和远程推送服务、iAd 广告框架、GameKit 游戏工具框架、消息 UI 框架、图片 UI 框架、地图框架、连接手表框架、自动适配等。

- 媒体层：提供应用中视听方面的技术，如与图形图像相关的 CoreGraphics、CoreImage、GLKit、OpenGL ES、CoreText、ImageIO 等，与声音技术相关的 CoreAudio、OpenAL、AVFoundation，与视频相关的 CoreMedia、Media Player 框架，以及音视频传输的 AirPlay 框架等。

- 核心服务层：提供应用所需要的基础系统服务，如账户框架、广告框架、数据存储框架、网络连接框架、地理位置框架、运动框架等。这些服务中最核心的是 CoreFoundation 和 Foundation 框架，它定义了所有应用使用的数据类型。CoreFoundation 是基于 C 的一组接口，Foundation 是对 CoreFoundation 的 Object-C 封装。

- 核心操作系统层：包含底层的大多数访问硬件的功能，它所包含的框架常常被其他框架所使用。Accelerate 框架包含数字信号、线性代数、图像处理的接口。针对所有的 iOS 设备硬件之间的差异进行优化，保证写一次代码可在所有 iOS 设备上高效运行。CoreBluetooth 框架利用了蓝牙和外设交互，包括扫描连接蓝牙设备、保存连接状态、断开连接、获取外设的数据或者给外设传输数据等。Security 框架提供管理证书、公钥和私钥信任策略、钥匙串（keychain）、哈希认证、数字签名等与安全相关的解决方案。

iOS 系统基本上一年一更新，基本情况如下。

- iOS 1.0，2007 年 6 月发布，最核心的智能手机应用在这个版本已经有了，包括地图、浏览器、iTunes、全屏幕触摸操作。

- iOS 2.0，2008 年 7 月发布，最大的改变是开放了 AppStore，可以开发和使用第三方应用，这几乎是整个移动互联网生态的基石。

- iOS 3.0，2009 年 6 月发布，优化了各种功能，包括支持了早该有的文本剪切、复制、粘贴等功能。

- iOS 3.2，2010 年 4 月发布，主要添加了对 iPad 的支持。

- iOS 4.1，2010 年 9 月发布，支持多任务，双击 Home 键的效果由原来的截屏操作变为显示最近运行的应用。

- iOS 5.0，2011 年 10 月发布，增加了 siri。

- iOS 6.0，2012 年 9 月发布，无明显的亮点，把之前一直使用的 GoogleMap 换成了苹果自己的地图。

- iOS 7.0，2013 年 9 月发布，UI 从拟物化转变为扁平化，这导致界面风格变化较大，支持指纹识别。

- iOS 8.0，2014 年 9 月发布，加强了开放性，给开发者提供更多的框架接口，比如支持小插件，在通知中可自定义更多操作，支持第三方键盘，开放指纹识别等。

- iOS 9.0，2015 年 9 月发布，支持 3D-Touch。

- iOS 10.0，2016 年 9 月发布，允许删除苹果默认应用，siri 开放给第三方。

- iOS 11.0，2017 年 9 月发布，强化了 iMessages，主要加入了对 Apple Pay 中转账的支持，增加了对增强现实的支持，为开发者提供了 ARKit，优化了相机功能。

4.2 搭建测试环境

测试移动应用，需要搭建测试环境。测试环境分为模拟器环境和真机环境。模拟器环境通常用于应用开发过程中，而真机环境通常用于应用测试过程中。以下会将模拟器环境和真机环境同时用于测试过程中。

4.2.1 模拟器测试环境

1. Android 模拟器

开发人员使用的 Android Studio 是带 Android 模拟器的，测试人员可以直接使用该模拟器。如果计算机本身配置不高，则可考虑使用 Genymotion 模拟器。如图 4-3 所示，Genymotion 是一款常用的 Android 模拟器，使用 Oracle 的 VirtualBox 来加载 Android 系统，模拟各种 Android 设备。

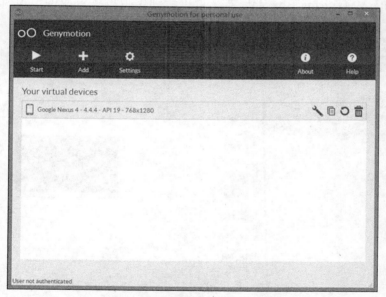

图 4-3 Genymotion

在 Genymotion 中添加虚拟设备时，既可以直接单击 Add 按钮来从网上下载，也可以在网上下载与虚拟设备对应的 ova 文件，导入 VirtualBox 中。ova 文件导入成功后，启动 Genymotion，即可看到对应的虚拟设备，如图 4-4 所示。

选择某个虚拟设备，单击界面底部的 Start 按钮则可启动该虚拟设备，如图 4-5 所示。

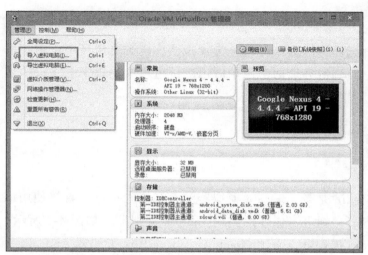

图 4-4　把虚拟设备导入 VirtualBox 中　　　　　　　图 4-5　启动虚拟设备

启动 Oracle VM VirtualBox 管理器，可以看到虚拟设备对应的虚拟机是启动的，如图 4-6 所示。

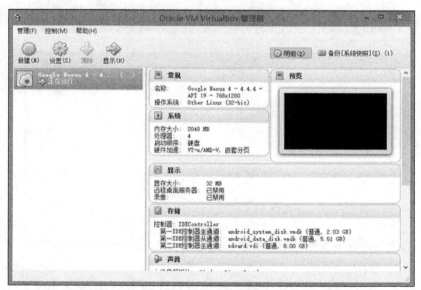

图 4-6　Oracle VM VirtualBox 管理器中启动的虚拟机

2．ADB 常用命令

无论是模拟器测试环境还是真机测试环境，在实际工作中都需要使用到调试桥

（Android Debug Bridge，ADB）工具。利用 ADB 工具可以接入 Android 系统，从而进行更细致的测试。如果使用 Android studio，则在 C:\Users\api\AppData\Local\Android\Sdk\platform-tools 目录下可以找到 ADB 工具；如果使用 Genymotion，则在 C:\Program Files\Genymobile\Genymotion\tools 目录下可以找到。

首先需要通过 ADB 工具找到 Android 设备，对应的命令是 adb devices。ADB 工具可以通过两种方式连接设备——USB 数据线方式和局域网方式。USB 数据线方式需要设备连接到运行了 ADB 工具的计算机上。局域网方式需要设备和运行 ADB 工具的计算机在同一局域网上且能相互访问。利用 ADB 工具连接和断开设备使用命令 adb connect 和 adb disconnect。adb connect 支持连接 USB 设备和局域网设备，前者通过 adb connect usb 设备序列号进行访问，后者通过 adb connect IP 地址:端口号进行访问。

ADB 工具包含 ADB 客户端和 ADB 服务器，通过 ADB 客户端连接 ADB 服务器（adb.exe 进程），通过 adb 命令可对 ADB 服务器进行启动和停止操作。ADB 工具要想连接设备，还需要设备上有运行 ADB 的进程，该进程对应的默认端口为 5555。ADB 客户端通过 ADB 服务器连接设备上的 ADB 的进程来实现 ADB 工具对设备的访问控制。因此，一旦发现连接不上设备，在计算机上就需要通过 adb kill-server 与 adb start-server 重新连接，在设备上要通过 stop adb 以及 start adb 重新连接。当发现通过 adb devices 查看到的设备为离线状态时，需要在设备上重启 ADB，然后再连接设备。

在模拟器的开发者选项中 USB 调试开关无论打开还是关闭，使用 adb devices 都可以查看到模拟器对应的设备 ID，真机则必须要求开发者选项中的 USB 调试开关打开，才能使用 adb devices 查看到真机对应的设备 ID，如图 4-7 所示。开发者选项通过选择"设置"→"关于手机"并连续单击最底部的版本号信息来打开。

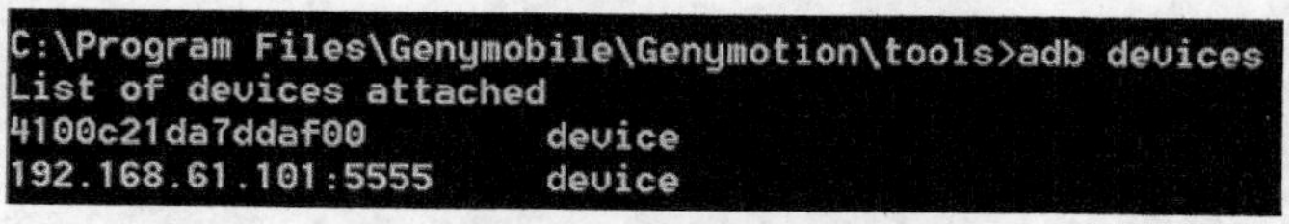

```
C:\Program Files\Genymobile\Genymotion\tools>adb devices
List of devices attached
4100c21da7ddaf00        device
192.168.61.101:5555     device
```

图 4-7 使用 adb devices 查看到真机对应的设备 ID

device 前的字符串就是设备 ID，通过该 ID 可以区分连接到同一台计算机上的 Android 设备，包括模拟设备和真机，带有 IP 地址和端口的对应模拟设备。

通过 ADB 工具访问设备之后，就可以进一步通过 ADB 工具进行手机应用的安装和卸载了。

可以通过 adb install 命令在设备上安装应用，命令后面是需要与安装的应用对应的 apk 文件。这里以 ECMobile 作为例子来说明，该应用在 ECShop 网站上是一款电商应用。

当在计算机上同时连接多台设备时，需要通过设备 ID 来区分到底对哪个设备进行操作，所使用的参数是“-s”，如图 4-8 所示。

```
C:\Program Files\Genymobile\Genymotion\tools>adb -s 192.168.61.101:5555 install
e:\ECMobile3.2.apk
26806 KB/s (8427488 bytes in 0.307s)
        pkg: /data/local/tmp/ECMobile3.2.apk
Success
```

图 4-8　使用“-s”区分操作的设备

如果想通过 ADB 工具卸载应用，那么需要知道应用的包名（package name），这样就需要使用到 aapt 工具。如果使用的是 Android Studio，则该工具在 C:\Users\用户名\AppData\Local\Android\Sdk\build-tools\版本号目录下；如果使用的是 Genymotion，则该工具在 C:\Program Files\Genymobile\Genymotion\tools 下也能找到。ADB 和 aapt 是最常用的工具。通过 aapt 可以查看包名，如图 4-9 所示。

```
C:\Program Files\Genymobile\Genymotion\tools>aapt d badging e:\ECMobile3.2.apk
package: name='com.insthub.ecmobile' versionCode='6' versionName='3.2' platformB
uildVersionName='4.3-819563'
sdkVersion:'8'
targetSdkVersion:'17'
uses-permission: name='android.permission.CAMERA'
uses-permission: name='android.permission.RECORD_AUDIO'
uses-permission: name='android.permission.CHANGE_NETWORK_STATE'
```

图 4-9　通过 aapt 查看包名

除了能看到应用对应的包名之外，使用 aapt 还可以看到应用的版本、权限、启动界面、屏幕和分辨率支持情况等，如图 4-10 所示。

```
C:\Program Files\Genymobile\Genymotion\tools>aapt d badging e:\ECMobile3.2.apk
package: name='com.insthub.ecmobile' versionCode='6' versionName='3.2' platformB
uildVersionName='4.3-819563'
sdkVersion:'8'
uses-permission: name='android.permission.CAMERA'
uses-permission: name='android.permission.RECORD_AUDIO'
launchable-activity: name='com.insthub.BeeFramework.activity.StartActivity'  lab
el='' icon=''
supports-screens: 'small' 'normal' 'large' 'xlarge'
supports-any-density: 'true'
locales: '--_--' 'zh-CN'
densities: '160' '240' '320' '480'
native-code: 'armeabi' 'mips' 'x86'
```

图 4-10　通过 aapt 查看应用的相关参数

获得了唯一的包名后，就可利用包名来卸载应用。使用的命令如图 4-11 所示。

图 4-11 卸载应用

安装应用后，到底需要在 Android 系统中添加些什么呢？如果你能有一些了解，则这对于后续的测试工作是有很大帮助的。可以通过 adb shell 命令进入 Android 系统。

对于模拟器而言，使用 adb shell 命令将会直接以 root 用户登录 Android 系统，这时用户的权限是最大的。如果发现不是以 root 用户登录的，则可用 adb root 命令切换为 root 用户，然后再运行 adb shell，如图 4-12 所示。

图 4-12 在 root 用户下运行 adb shell

在/data/App 目录下可以看到 ECMobile 对应的 apk 文件。该文件是使用 adb install 命令安装时复制到/data/App 目录下的。apk 文件是一个压缩包文件，其本身并不能直接执行，需要从该文件中抽取出 dex 文件，dex 文件是可执行文件。为了提升执行效率，Android 系统还可能会对 dex 文件进行优化，优化后的 dex 文件会放在/data/dalvik-cache 目录下，如图 4-13 所示。

图 4-13 dex 文件会放在相关目录下

每个应用在/data/data 目录下会有一个单独的文件夹，用于存放该应用在执行中所产生的一些文件，比如缓存等，如图 4-14 所示。

图 4-14 存放文件的文件夹

在 ECMobile 还未运行时，其对应文件夹下只有一个 lib 链接文件。进入该目录，发现下面都是一些 so 文件。这些 so 文件通过 C 或者 C++开发，对应应用中底层的功能部分，比如各种传感器的调用等。除了 Android SDK 之外，谷歌还提供了 Android NDK，它可以用于生成 so 文件。

运行一次 ECMobile，再次查看其对应的文件夹，这会发现文件夹下多了执行时产生的文件，如图 4-15 所示。

```
root@vbox86p:/data/data/com.insthub.ecmobile # ls -l
drwxrwx--x u0_a59    u0_a59          2016-09-06 21:43 app_push_dex
drwxrwx--x u0_a59    u0_a59          2016-09-06 21:42 app_push_lib
drwxrwx--x u0_a59    u0_a59          2016-09-06 21:42 app_push_update
drwxrwx--x u0_a59    u0_a59          2016-09-06 21:43 cache
drwx------ u0_a59    u0_a59          2016-09-06 21:42 databases
lrwxrwxrwx install   install         2016-09-06 21:08 lib -> /data/app-lib/com.
insthub.ecmobile-1
drwxrwx--x u0_a59    u0_a59          2016-09-06 21:43 shared_prefs
root@vbox86p:/data/data/com.insthub.ecmobile #
```

图 4-15　运行一次 ECMobile 后对应的文件夹

不同应用执行时产生的文件不完全相同，但 shared_prefs 和 databases 目录通常都是有的，前者用于保存用户的一些设置，后者在客户端保存一些数据。有些应用会将 Cookie 放在 shared_prefs 或者 databases 目录中。

查看这些 xml 配置文件，会发现在 userInfo.xml 中保存了是否第一次运行应用的设置。第一次运行应用后，会把 isFirstRun 选项设置为 false，如图 4-16 所示。后面再运行应用，就不再显示欢迎界面，直接进入主界面。

```
root@vbox86p:/data/data/com.insthub.ecmobile/shared_prefs # cat userInfo.xml
<?xml version='1.0' encoding='utf-8' standalone='yes' ?>
<map>
    <boolean name="isFirstRun" value="false" />
    <string name="netType">wifi</string>
</map>
root@vbox86p:/data/data/com.insthub.ecmobile/shared_prefs #
```

图 4-16　把 isFirstRun 选项设置为 false

Android 使用的是 SQLite 数据库，在各个应用的 databases 目录下会看到一些 db 文件和 db-journal 文件。db 文件为数据库文件，而 db-journal 为日志文件，它用于 SQLite 事务回滚，如图 4-17 所示。

```
root@vbox86p:/data/data/com.insthub.ecmobile/databases # ls -l
-rw-rw---- u0_a59    u0_a59        622592 2016-09-06 21:42 ecmobile.db
-rw------- u0_a59    u0_a59          8720 2016-09-06 21:42 ecmobile.db-journal
root@vbox86p:/data/data/com.insthub.ecmobile/databases #
```

图 4-17　db 文件和 db-journal 文件

在测试工作中，可能需要将这些文件下载到计算机上进行查看或者修改，因此就需要使用到 adb pull 和 adb push 命令。其中 adb pull 命令用于从 Android 系统中下载文件到计算机上，而 adb push 命令则用于将计算机上的文件上传到 Android 系统中。可以将 userInfo.xml 文件从 Android 系统中下载下来，如图 4-18 所示，修改后再上传上去。

```
C:\Program Files\Genymobile\Genymotion\tools>adb -s 192.168.61.101:5555 pull /da
ta/data/com.insthub.ecmobile/shared_prefs/userInfo.xml d:\userInfo.xml
11 KB/s (159 bytes in 0.013s)
```

图 4-18　将 userInfo.xml 文件从 Android 系统中下载下来

　　adb pull 后面的参数是 Android 系统上某个文件的路径，接下来的参数则是下载到计算机上的文件路径。将 isFirstRun 的值由 false 修改为 true，然后再通过 adb push 命令将修改后的 userInfo.xml 文件上传到 Android 系统中，如图 4-19 所示。

```
C:\Program Files\Genymobile\Genymotion\tools>adb -s 192.168.61.101:5555 push d:/
userInfo.xml /data/data/com.insthub.ecmobile/shared_prefs/userInfo.xml
13 KB/s (158 bytes in 0.011s)
```

图 4-19　adb push 命令

　　如果出现 adb push 命令失败的情况，那么通常是 Android 系统中的文件操作权限造成的。需要通过 adb remount 将系统分区设置为可读写的，以及通过 chmod 来修改 Android 系统上被覆盖文件的权限。

　　重新再运行 ECMobile，发现又可以看到欢迎界面了。

　　任何应用的运行都会产生日志，可以通过 adb logcat 命令来查看日志。可以通过管道来过滤日志，比如使用应用的包名等，如图 4-20 所示。

```
C:\Users\api>adb logcat | find "com.insthub.ecmobile"
I/ActivityManager( 537): START u0 {cmp=com.insthub.ecmobile/.activity.B1_Produc
tListActivity (has extras)} from uid 10059 on display 0
V/WindowManager( 537): addAppToken: AppWindowToken{10151a44 token=Token{270b6f5
7 ActivityRecord{3b0e70d6 u0 com.insthub.ecmobile/.activity.B1_ProductListActivi
ty t7}}} to stack=1 task=7 at 1
V/WindowManager( 537): Adding window Window{558c462 u0 com.insthub.ecmobile/com
.insthub.ecmobile.activity.B1_ProductListActivity} at 6 of 11 (after Window{2603
8c8 u0 com.insthub.ecmobile/com.insthub.ecmobile.activity.EcmobileMainActivity})
V/WindowManager( 537): Adding window Window{356b96b0 u0 com.insthub.ecmobile/co
m.insthub.ecmobile.activity.B1_ProductListActivity} at 6 of 12 (before Window{55
8c462 u0 com.insthub.ecmobile/com.insthub.ecmobile.activity.B1_ProductListActivi
ty})
I/ActivityManager( 537): Displayed com.insthub.ecmobile/.activity.B1_ProductLis
tActivity: +406ms
I/PushManager( 2108): insert into db com.insthub.ecmobile
```

图 4-20　在 adb logcat 命令中使用管道

　　如果日志太长，那么也可将日志用 ">" 重定向到一个文件中，如图 4-21 所示。

```
C:\Users\api>adb logcat | find "com.insthub.ecmobile" > e:\ecmobile.txt
```

图 4-21　将日志重定向到文件中

以上是最常用的一些 adb 命令。

- adb connect：连接设备。
- adb disconnect：断开设备
- adb kill-server：停止 ADB 服务器。
- adb start-server：启动 ADB 服务器。
- adb devices：查看连接的设备。
- adb install：安装应用。
- adb uninstall：卸载应用。
- adb shell：进入 shell。
- adb root：用 root 用户登录。
- adb pull：从设备上下载文件。
- adb push：往设备中上传文件。
- adb remount：重新挂载。
- adb logcat：查看日志。

3. iOS 模拟器

由于 iOS 本身是一个封闭的系统，因此只能使用苹果提供的 Xcode 开发工具中的 iOS 模拟器（simulator），如图 4-22 所示。Xcode 开发工具需要运行在 Mac 系统上，不能运行在 Windows 系统上。因此 iOS 模拟器仅在开发人员开发应用时使用，在测试时不会使用 iOS 模拟器，而直接使用 iPhone 或者 iPad 进行测试。

图 4-22　iOS 模拟器

4. 内网服务器的设置

在实际工作中，会出现在测试的应用中配置的服务器是公网上的域名但实际测试使用的服务器又在内网的情况。这时就需要修改 hosts 文件来让应用连接至内网测试服务器以进行测试。

hosts 文件在/system/etc 目录下，可以通过 adb pull 命令下载到计算机上，修改后再通过 adb push 命令上传。

ECMobile 应用绑定的域名是 shop.ecmobile.cn，因此需要在 hosts 文件中将该域名解析到内网测试服务器的 IP 地址上。需要注意的是，如图 4-23 所示，在 Genymotion 模拟器使用的 hosts 文件最后需要有一个空行，否则最后的人工 DNS 映射不会生效。如果使用真机，则 hosts 文件后不需要空行。

```
hosts
1  127.0.0.1          localhost
2  172.16.200.55 shop.ecmobile.cn
3
```

图 4-23 hosts 文件的设置

当使用 adb push 命令上传 hosts 文件时，会发现提示 Read-only file system，需要通过 adb remount 命令将系统目录变成可写的，如图 4-24 所示。

```
C:\Program Files\Genymobile\Genymotion\tools>adb -s 192.168.61.101:5555 push e:\
hosts /system/etc/hosts
failed to copy 'e:\hosts' to '/system/etc/hosts': Read-only file system
5 KB/s (56 bytes in 0.010s)
```

```
C:\Program Files\Genymobile\Genymotion\tools>adb -s 192.168.61.101:5555 remount
remount succeeded

C:\Program Files\Genymobile\Genymotion\tools>adb -s 192.168.61.101:5555 push e:\
hosts /system/etc/hosts
0 KB/s (56 bytes in 0.054s)
```

图 4-24 更改系统目录的权限

查看 Android 系统中的 hosts 文件，发现它的确已经更新。再打开 ECMobile，发现已经连接的是内网测试服务器。

4.2.2 真机测试环境

除了使用模拟器来开展测试之外，还需要使用真机来进行测试。真机如何访问内网的服务器是一个问题，常见的处理方式是通过 Wi-Fi 或者 USB 将真机接入内网。

1. Wi-Fi 接入

无论是 Android 手机还是 iPhone 手机，通过 Wi-Fi 接入内网都比较简单，只需要连接公司内网的 Wi-Fi 热点即可。连接成功后，测试环境中的操作和模拟器中的操作类似。

如果 Android 手机要像 Android 模拟器一样访问内网服务器，那么可以通过修改 hosts 文件的方式进行操作。在通过 adb push 命令来把文件上传到手机上时，Android 手机往往会提示 Read-only file system，如图 4-25（a）所示，这就需要利用 chmod 命令来修改相应目录的访问权限。为了使 chmod 生效，还需要使用 mount 命令来重新挂载，如图 4-25（b）所示。

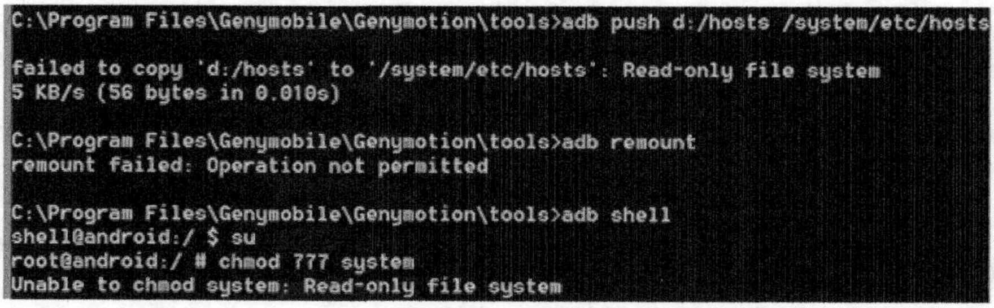

（a）

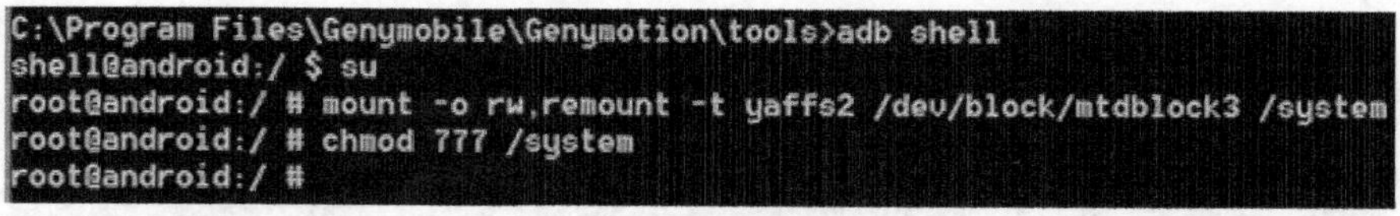

（b）mount 命令

图 4-25　把 Android 手机连接到内网服务器

改变系统目录访问权限后，可将修改的 hosts 文件上传到 Android 系统中，如图 4-26 所示。

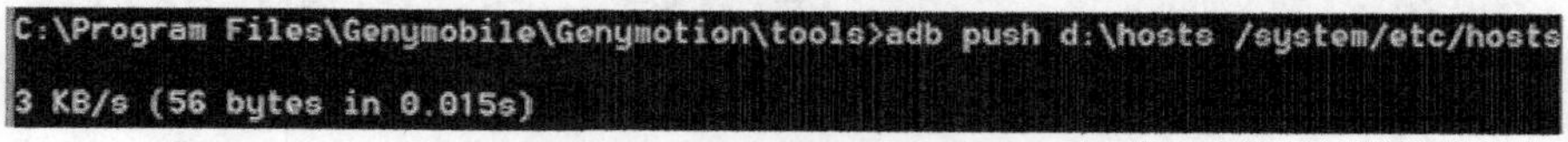

图 4-26　把修改的 hosts 文件上传到 Android 系统中

采用这种方式可以在手机上通过 Wi-Fi 来连接内网服务器并使用 ECMobile。

2. 通过 USB 把 Android 手机接入内网

除了通过 Wi-Fi 接入内网之外，对于 Android 手机，还可以通过数据线连接计算机，利用 USB 来接入内网。

Android 手机通过数据线和计算机相连后，在手机中勾选 "USB 网络分享" 复选框，如图 4-27 所示，这样在计算机的网络连接适配器中会多出一个对应于手机的 USB 远程 NDIS 网络设备。

通过 ipconfig 查询 USB 远程网络设备的 IP 地址，然后在该网络设备上右击，弹出 "Internet 协议版本 4（TCP/IPv4）属性" 对话框。把 "IP 地址" 设置为前面查询到的 IP 地址，把 "子网掩码" 设置为 255.255.255.0，把 "首选 DNS 服务器" 设置为 8.8.8.8，如图 4-28 所示。

图 4-27　网络分享

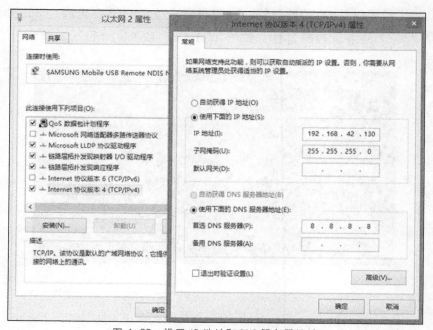

图 4-28　设置 IP 地址和 DNS 服务器地址

当前计算机正在使用的网络设备需要共享给该 USB 远程网络设备，如图 4-29 所示。

接下来需要对手机的网络设置进行修改，这会用到一些 Linux 命令。考虑到 Android 系统本身对 Linux 命令不是很支持，所以需要安装 BusyBox 的手机版应用来加强 Android 系统对 Linux 命令的支持。要安装 BusyBox，单击 Install 按钮，安装后的界面如图 4-30 所示。

图 4-29　网络共享

图 4-30　安装 BusyBox 后的界面

　　需要通过一系列的 Linux 命令完成对手机网络设置的修改。主要设置手机的 IP 地址、子网掩码、默认网关以及 DNS 服务器。在运行命令之前，需要先通过 adb shell busybox ifconfig 来查看一下网络设备的名称，如图 4-31（a）和（b）所示。

```
C:\Program Files\Genymobile\Genymotion\tools>adb shell busybox ifconfig
[41;33mlo        Link encap:Local Loopback
          inet addr:127.0.0.1  Mask:255.0.0.0
          inet6 addr: ::1/128 Scope:Host
          UP LOOPBACK RUNNING  MTU:16436  Metric:1
          RX packets:14785 errors:0 dropped:0 overruns:0 frame:0
          TX packets:14785 errors:0 dropped:0 overruns:0 carrier:0
          collisions:0 txqueuelen:0
          RX bytes:742303 (724.9 KiB)  TX bytes:742303 (724.9 KiB)

rndis0    Link encap:Ethernet  HWaddr AE:7D:40:47:2D:BB
          inet addr:192.168.42.131  Bcast:192.168.42.255  Mask:255.255.255.0
          inet6 addr: fe80::ac7d:40ff:fe47:2dbb/64 Scope:Link
          UP BROADCAST RUNNING MULTICAST  MTU:1500  Metric:1
          RX packets:7913 errors:0 dropped:0 overruns:0 frame:0
          TX packets:6048 errors:0 dropped:0 overruns:0 carrier:0
          collisions:0 txqueuelen:1000
          RX bytes:5974981 (5.6 MiB)  TX bytes:956472 (934.0 KiB)

[0m
C:\Program Files\Genymobile\Genymotion\tools>
```

（a）

```
1    busybox ifconfig rndis0 192.168.42.131 netmask 255.255.255.0
2    busybox route delete default
3    iptables -F
4    iptables -F -t nat
5    busybox route add default gw 192.168.42.130
6    setprop net.dns1 8.8.8.8
7    setprop "net.gprs.http-proxy" ""
8
```

（b）

图 4-31　查看网络设备的名称

　　默认网关需要设置为 USB 远程网络设备的 IP 地址（192.168.42.130）。

为了避免每次都要手动输入这些命令，可以将这些命令写在一起，变成一个 sh 文件，也就是批处理文件。注意，sh 文件最后需要有一个空行。该命令利用 adb push 命令上传到 sdcard 目录下，然后在手机中安装 GScript 来加载该 sh 文件。GScript 是一个脚本运行器，可运行批处理脚本，如图 4-32 所示。

这样每次只要启动 GScript，运行该脚本即可。

完成以上操作后，手机通过 USB 连接计算机后即可利用计算机的网络来上网，也可访问和计算机在同一个局域网内的服务器。在访问时需要注意，被访问计算机的防火墙是否关闭。

图 4-32 运行脚本

3. 通过 Ngrok 实现内网穿透

如果内网中没有 Wi-Fi 或者由于安全控制无法使用内网 Wi-Fi，那么除了通过 USB 访问内网，还可以通过 Ngrok 来实现内网穿透。Ngrok 是一个反向代理软件，在外网和内网运行的 Web 服务器之间建立一个安全隧道，从而可以从外网访问内网的 Web 服务器。

为了能从外网访问内网的 Web 服务器，可以在内网出口的路由器上设置端口映射，将内网的 IP 地址和端口映射到外网的 IP 地址与端口上。其实 Ngrok 最终实现的效果是类似的，只不过不需要修改路由器设置。

使用 Ngrok，首先需要在外网上寻找一个 Ngrok 服务器，将内网的 IP 地址和端口映射到该服务器上，这样就可以从外网访问内网的 Web 服务器了。免费的 Ngrok 服务器有 ngrok.cc 或者 ittun 等。

在使用 ngrok.cc 时，首先需要在该服务器上注册一个用户。登录后通过创建隧道的方式来建立外网和内网的映射。

根据前置域名会产生一个子域名，这里输入 skinapi，"本地端口"使用默认的 80 端口，具体设置如图 4-33 所示。

创建的隧道会有一个唯一的客户端 ID，这在 Ngrok 客户端软件中会用到，如图 4-34 所示。

隧道协议：	⦿ http ◯ https ◯ tcp
隧道名称：	**weixin**

前置域名：	http://	skinapi	.server.ngrok.cc

❶购买后无法修改

本地端口：	127.0.0.1:80

❶本地映射端口，如需修改其他端口，则输入 127.0.0.1:8000

http验证用户名：	

❶进行http映射的时候如需要授权访问请输入账号

http验证密码：	

❶进行http映射的时候如需要授权访问请输入密码

价格：	免费

确定参加　　返回选择服务器

图 4-33　具体设置

服务器地址 ⇕	隧道id ⇕	隧道名称 ⇕	隧道协议 ⇕	本地端口 ⇕
> server.ngrok.cc	5a77f123e84bcc54	weixin	http	127.0.0.1:80

图 4-34　隧道的客户端 ID

在内网服务器上运行 Ngrok 客户端，输入客户端 ID，就可建立外网和内网 Web 服务器之间的隧道，如图 4-35 所示。

图 4-35　建立外网和内网 Web 服务器之间的隧道

如果本地运行了 Web 服务器，并且对应的端口是 80 端口，就可以通过外网来访问 Web 服务器了。通过外网上的一个域名访问内网的 Web 服务器，就是内网穿透。如果本地运行的是 ECShop 服务器，则访问打开的是 ECShop 的网页。

4.3 常见测试类型

对于移动应用，会涉及主要的系统测试类型。测试类型可分为功能测试和专项测试，专项测试包含性能测试、可靠性测试等内容。由于安全性测试相对较专业，因此本书中没有包含安全性测试的相关内容，主要覆盖的测试类型如下：

- 安装测试；
- 功能测试；
- 性能测试；
- 兼容性测试；
- 可靠性测试；
- 用户体验测试；
- 网络测试。

4.3.1 安装测试

1. 回顾

安装测试包含 3 个部分。

- 安装前测试：检查安装文件是否齐全。
- 安装中测试：检查不同安装过程是否能完成。
- 安装后测试：检查安装后软件是否能运行。

另外，安装测试还需要考虑升级测试和卸载测试等。

2. Android 应用的安装测试

根据 Android 应用的特点，Android 移动应用的安装测试主要关注以下方面。

- 安装前测试：检测 apk 文件，利用杀毒软件对 apk 文件进行扫描。
- 安装中测试：主要考虑不同方式的安装，比如，通过应用商店安装，通过网页下载并安装，通过 ADB 工具安装等。另外，还需要检查安装时提示的权限是否正确和合理。

- 安装后测试：进行启动测试、功能验证和提示检查。启动测试需要考虑从不同地方来启动，如应用界面、桌面界面等。
- 升级测试：需要考虑通过 ADB、应用商店、网页下载与升级等，需要考虑低版本、同版本、高版本覆盖的安装，需要考虑有无缓存数据或存储数据的升级。
- 卸载测试：需要考虑通过 ADB、第三方应用、系统进行卸载。可以考虑未运行应用时的卸载和运行应用时的卸载，如图 4-36 所示。

图 4-36　卸载

由于 Android 应用可以通过不同的渠道进行分发，因此存在不同渠道的安装包。打包一般基于常用的持续集成平台（如 ant、gradle）来进行。为了打包，首先要将 Java 程序编译成 class 文件，然后再把 class 文件转换为 Android 系统下的可执行程序 dex 文件，再将 dex 文件和各种资源文件打包，给包加上签名即可得到可使用的 apk 文件。打包时会涉及很多参数的配置。针对不同渠道的安装包需要分别进行安装测试。

3. iOS 应用的安装测试

iOS 应用的安装渠道比 Android 应用简单得多，可以通过苹果官方的应用商店、iTunes 以及 Testfight 来进行下载安装。其中 Testflight 用于 beta 测试，应用上传到 iTunes Connect 后，可邀请最多 25 名内部成员下载，进行测试安装，应用通过审核后，可以邀请最多 2000 名外部人员下载，进行测试安装。另外，针对简单的需求，iOS 应用可以打包成 ipa 文件。ipa 文件实际是一种压缩包，放到苹果设备上解压后可直接使用。由于这类 iOS 应用不是安装的，因此其运行会受到各种限制（如权限限制），只能实现一些比较简单的功能。

根据 iOS 应用的特点，iOS 应用的安装测试主要关注以下几个方面。

- 安装前测试：应用商店对于移动网络下应用的下载有大小限制，目前的限制是 150MB。也就是说，如果一款应用的安装包大小超过 150MB，那么在移动网络下是无法下载和安装的，只能在 Wi-Fi 网络下下载和安装。这样会对用户的使用产生影响，因此安装前应确认安装包的大小是否超过 150MB，如果超过限制是否能进行压缩。
- 安装中测试：只需要检查应用商店、iTunes、Testfight 中的下载和安装。
- 安装后测试：进行启动测试、功能验证和提示检查。启动测试需要考虑从不同地方来启动，比如，应用商店中的应用界面、桌面界面等。
- 升级测试：iOS 应用只能升级，不能降低版本，因此考虑从应用商店下载高版本并覆盖安装。
- 卸载测试：iOS 应用通过长按图标进行删除，直接测试即可。可以考虑未运行应用时的卸载和运行应用时的卸载。

4.3.2　功能测试

1. 回顾

功能测试是最基本的测试类型，通常包含以下几种。

- 单功能测试：针对单个功能进行测试，重点在于各种异常情况。
- 功能交互测试：针对功能之间的相互影响进行测试。
- 业务流程测试：针对联系功能的业务流程进行测试，需要考虑基本流程和备选流程。

2. Android 应用的功能测试

Android 应用分为原生应用、Web 应用和混合应用。随着 HTML5 技术的普及，越来越多的应用选择通过 Web 应用方式或者混合应用方式来实现。Android 应用在很多情况下实际上用于前端展示，数据还由服务器端处理，然后下发给应用。比较常用的数据下发方式是 JSON 数据格式。

根据 Android 应用的特点，Android 应用的功能测试主要关注以下几个方面。

- 业务测试：需要站在用户的角度来考虑软件的使用情况。
- 功能交互测试：需要考虑被测功能和系统应用的交互，比如，来电、收到短信、收到通知、闹钟响起等；需要考虑被测功能和其他用户应用的交互，比如，都要有声音，其他应用会自动关闭网络，其他应用会让手机休眠，其他应用清空缓存等。

- 屏幕旋转测试：需要考虑横屏和竖屏情况下的功能与显示等。
- 通知栏测试：有些功能可能会在通知栏上实现，如音乐播放器等。

除了上面几方面之外，还要考虑以下方面。

- 双卡双待对功能的影响；
- 锁屏、Home 键、Back 键对功能的影响；
- 滑屏、长按、双击、多点触控等操作的测试。

3. iOS 应用的功能测试

从功能测试角度，iOS 应用和 Android 应用几乎完全是类似的，都需要业务测试、功能交互测试和屏幕旋转测试。

4. 使用 Fiddler

在进行业务测试时，为了能测试得更细致，需要检查应用和服务器端的数据交互，因此需要使用 Fiddler 或者 charles 等代理软件进行数据捕获和检查。

Fiddler 是常用的 HTTP 调试代理工具。其关键设置是代理端口的设置以及允许其他计算机连接 Fiddler，如图 4-37 所示。

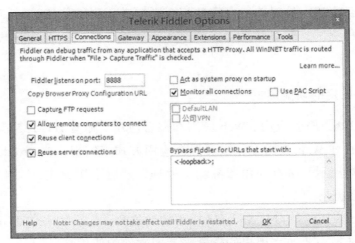

图 4-37　Fiddler 的连接设置

设置好 Fiddler 后，需要在模拟器或者真机中设置代理。由于 Fiddler 运行在计算机上，因此需要手机和计算机处于同一局域网，这往往需要通过 Wi-Fi 来实现。在连接的 Wi-Fi 上长按，修改网络设置，如图 4-38 所示。

图 4-38　为 Fiddler 设置网络代理

"代理服务器主机名"设置为 Fiddler 所在计算机的 IP 地址，而"代理服务器端口"则设置成在 Fiddler 中设置的端口。

在本地启动 ECShop 的服务器后，为了使 Fiddler 连接的是本地服务器，需要在本机的 hosts 文件中增加 127.0.0.1 shop.ecmobile.cn。在模拟器中运行 ECMobile 的应用时，ECMobile 和 ECShop 服务器之间的所有 HTTP 交互都会被 Fiddler 记录下来，这样可以测试得更细一些。

Fiddler 中最常用的功能模块是 Inspectors，通过它可以看到应用和服务器端每次 HTTP 交互的数据。ECMobile 启动后共向外发出了 8 条 HTTP 请求，其中 5 条是发给本地 ECShop 服务器的，选中第一条请求可以发现 ECMobile 的应用向服务器发出了一个 GET 请求"GET http://shop.ecmobile.cn/ecmobile/?url=/home/data"，服务器给出的响应数据是 JSON 格式的。应用获得 JSON 数据后，会将数据在界面上展现出来。

单击"查询"图标，会显示出所有的商品分类，如图 4-39（a）所示。这些商品分类也是通过 JSON 数据从服务器传送过来的，如图 4-39（b）所示。

```
1 ▾ {
2       "id": "14",
3       "name": "充值卡",
4 ▾    "充值卡类型": {
5            "id": "13",
6            "name": "小灵通充值卡"
7        }
8    }|
```

（a）　　　　　　　　　　　　　　（b）

图 4-39　商品分类和对应的 JSON 数据

　　因为 JSON 数据中包含了商品分类的一级目录和二级目录，所以在界面上再单击商品的一级分类显示二级分类时，就不需要再向服务器发出请求了，如图 4-40 所示。

　　为了对查询时商品分类的显示进行测试，需要根据不同数量商品的分类情况进行测试。一种常规的方式就是在 ECShop 的后台进行商品分类的维护，而另外一种则是利用 Fiddler 的 AutoResponder 来模拟各种响应数据。其原理就是 Fiddler 收到应用发送过来的请求后，不将请求转发给服务器，而是自己给出一段假的响应数据。因为应用端更关注界面展示，所以通过这种方式能灵活、快捷地开展测试。

　　在使用 AutoResponder 时，首先要将服务器传给应用的真实响应数据保存下来。选中需要保存响应数据的交互记录，右击，从上下文菜单中选择 Save→Response→Entire Response，保存完整的响应，如图 4-41 所示。

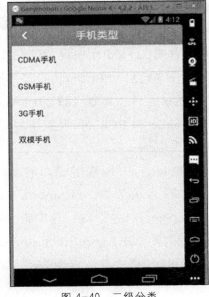

图 4-40　二级分类

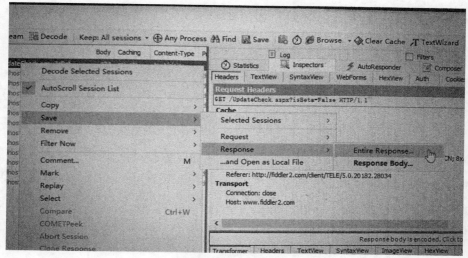

图 4-41　保存响应

选中该条交互记录，在 AutoResponder 中新增规则。在底部的规则编辑器中选择 find a file，选中前面保存的响应数据，然后单击"保存"按钮。这样当 Fiddler 收到该请求时，会按照规则自动将响应数据发回应用，而不需要从服务器处获取响应。这样即使没有服务器，也可以利用 Fiddler 开展测试。为了让规则生效，并开展测试，在 AutoResponder 选项卡中，勾选 Enable rules 复选框和 Unmatched requests passthrough 复选框，如图 4-42 所示。

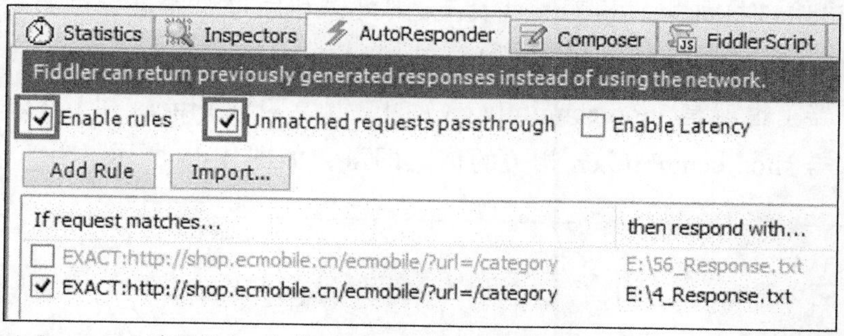

图 4-42　在 AutoResponder 选项卡中，勾选 Enable rules 复选框和 Unmatched requests passthrough 复选框

这时候所使用的自动响应数据是未进行任何修改的。修改保存该响应数据的文件，就可以模拟各种响应了，包括一些数据异常情况。

在修改保存响应数据的文件和增加商品分类时，注意，Content-Length 要同步修改，否则会报错。

JSON 数据是典型的树状结构，建议使用 Notepad++等编辑工具进行编辑。可以通过颜色提示来检查 JSON 数据是否正确，如图 4-43 所示。

红色

{"data":[{"id":"1","name":"\u624b\u673a\u7c7b\u578b","children":[{"id":"2","name":"CDMA\u624b\u673a"},b\u673a"},{"id":"5","name":"\u53cc\u6a21\u624b\u673a"}]},{"id":"6","name":"\u624b\u673a\u914d\u4ef6","name":"\u8033\u673a"},{"id":"9","name":"\u7535\u6c60"},{"id":"11","name":"\u8bfb\u5361\u5668\u548c\u51ildren":[{"id":"13","name":"\u5c0f\u7075\u901a\/\u56fa\u8bdd\u5145\u503c\u5361"},{"id":"14","name":"\u8054\u901a\u624b\u673a\u5145\u503c\u5361"}]},{"id":"20","name":"\u5206\u7c7b","children":[]}]}stat

红色

图 4-43　利用颜色来检查 JSON 数据是否正确

　　针对购物车中显示的商品数量，可修改保存响应数据的文件来进行测试。唯一需要修改的地方是 goods_number 字段的值，修改后同样需要注意 Content-Length 是否需要修改。将 goods_number 的值改成 999 后，会发现实际显示为 99，这算是一个 Bug，即当购物车中商品数量达到 3 位数时会只显示前两位数字，如图 4-44 所示。

图 4-44　购物车中显示的商品数量

　　在使用 Fiddler 时，如果只想看某些交互，则可以利用过滤器进行过滤。比如 ECMobile 既访问了 shop.ecmobile.cn，又访问了 cloud.ecmobile.cn 和 alog.umeng.com，如果只想看访问内网服务器（也就是 shop.ecmobile.cn）的交互，勾选 Filters 和 User Filters 复选框，并选择只显示与 shop.ecmobile.cn 相关的信息即可，如图 4-45 所示。

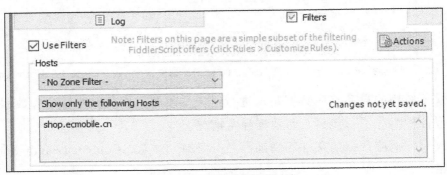

图 4-45　用过滤器进行过滤

4.3.3 性能测试

1. 回顾

性能测试是一个统称，它包含负载测试、压力测试、容量测试等。常见的性能测试指标包括响应时间、内存占用率、CPU 占用率、吞吐量、在线人数等。

2. Android 应用的性能测试

由于手机等移动设备的特点，Android 应用在性能测试方面有特别的地方。Android 应用的性能测试一般不再细分为负载测试、压力测试、容量测试，通常考虑以下一些性能指标的测试：

- 时间；
- 存储空间；
- CPU 占用率；
- GPU 占用率；
- 流量；
- 功耗。

这里的时间和以往提及 Web 测试所指的时间不同，Web 测试时时间是指响应时间，而移动应用的时间则主要考虑以下几个方面：

- 首次启动时间；
- 非首次启动时间；
- 应用界面切换时间。

在使用应用时用户感受到的时间可能包含服务器处理时间、网络数据传输时间、手机应用的活动显示时间或者控件跳转时间。服务器处理时间和服务器程序有关，网络数据传输时间和网络状况有关，手机应用的控件跳转时间基本上可忽略，因此手机应用核心的时间是活动显示或者跳转时间。这里提到的启动时间和界面切换时间主要考虑的也是这个时间。

启动时间分为首次启动时间（也叫冷启动时间）和非首次启动时间（也叫热启动时间）。首次启动需要启动进程、加载资源，因此时间会长一些。如果应用是通过 Back 键退到后台的，进程并未结束，再次启动的话时间就会短一些，这就是非首次启动。在不同的应用界面间切换可能属于不同活动，这就涉及新的活动的加载与显示。如果属于同一个活动，那就只涉及控件的跳转，不涉及新的活动的加载与显示。

通过多种方法可以检测活动显示和跳转时间，比较简单的一种方式是在 Android 的"日志管理"界面中查找 displayed 关键字，然后查看相应的活动，如图 4-46 所示。

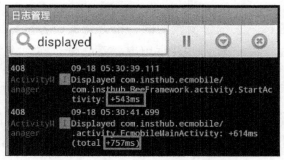

图 4-46　在"日志管理"界面中查找 displayed 关键字

运行 ECMobile 应用，在 catlog 的日志抓取中可以看到启动时实际对应两个应用——StartActivity 和 EcmobileMainActivity。将两个时间相加则可以得到非首次启动时间。由于实际工作时需要启动多次，因此可取多个数据的平均值。

为了检测首次启动时间，可以人为地用 kill 命令终止相应进程，如图 4-47 所示，然后再启动应用。

```
root@android:/data/data/com.insthub.ecmobile # ps | grep com.insthub.ecmobile
u0_a51    5535    205    529136 56904 ffffffff b7523f37 S com.insthub.ecmobile
u0_a51    5972    205    503300 26396 ffffffff b7523f37 S com.insthub.ecmobile:bdse
rvice_v1
root@android:/data/data/com.insthub.ecmobile # kill 5535
root@android:/data/data/com.insthub.ecmobile # kill 5972
```

图 4-47　用 kill 命令终止进程

在 ECMobile 中按 Back 键会提示退出应用。退出后，使用 ps 命令会发现相应进程仍然存在，在这种情况下启动 ECMobile 就是非首次启动。

在 Android 移动应用的性能测试中，另一个比较重要的方面是存储测试。这里并未使用常见的内存，这是因为内存只是存储的一种，Android 移动应用需要从更宽泛的角度来测试存储。常见的存储测试包括判断 apk 文件大小（该文件需要存放在/data/App/目录下）、内存占用量、空间占用情况。

Android 移动应用使用的内存包含原生堆内存和 dalvik 堆内存，前者是使用 lib 目录下那些.so 文件时产生的，后者是运行 Java 程序时产生的。dalvik 堆内存存在限制，具体限制参见/system/build.prop 文件。在/system 目录下输入 cat build.prop | grep heap 即可查看到具体限制，如图 4-48 所示。

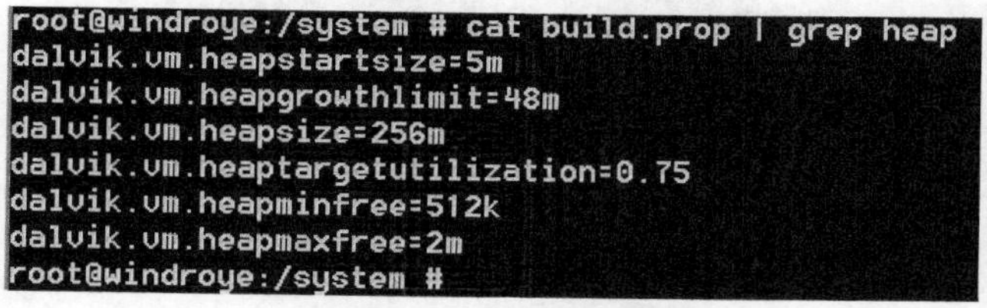

```
root@windroye:/system # cat build.prop | grep heap
dalvik.vm.heapstartsize=5m
dalvik.vm.heapgrowthlimit=48m
dalvik.vm.heapsize=256m
dalvik.vm.heaptargetutilization=0.75
dalvik.vm.heapminfree=512k
dalvik.vm.heapmaxfree=2m
root@windroye:/system #
```

图 4-48 使用命令查看限制

在图 4-48 中，heapstartsize 是每个应用运行时最少的 dalvik 堆内存，heapgrowthlimit 是每个应用中 dalvik 堆内存的上限，heapsize 则是在应用不限制 dalvik 堆内存的情况下能使用的最大 dalvik 堆内存。当应用申请的 Java 内存超过 dalvik 堆内存的上限时，就可能导致内存溢出（Out of Memory，OOM），从而导致应用异常。比如，如果加载一个超大的图片到内存中就容易产生这种问题。

通过 adb shell top -n 400 | grep packagename，adb shell dumpsys meminfo | grep packagename，以及 adb shell procrank（以实际使用的内存为准），可以查看到每个应用中内存的使用情况。

Android 移动应用的内存性能测试还可包含垃圾回收（Garbage Collection，GC）的测试。Java 程序本身是有内存回收机制的，当内存不再使用或者内存不够的情况下会进行垃圾回收，但是有可能由于应用程序存在的问题，导致垃圾回收不够及时。通过查看 logcat 日志中的 GC 信息可能发现这种问题，具体命令为 adb logcat -v time -v threadtime *:D | grep GC>GCFile.txt。

对空间占用情况的测试主要关注/data/data/包名/目录空间的大小，这可以通过 du -sH 命令完成。在图 4-49 中 ECMobile 应用占用的空间为 4320KB。当然，这个数字随着应用的使用是不断变化的，因此需要多次获取来了解占用的空间的变化趋势。

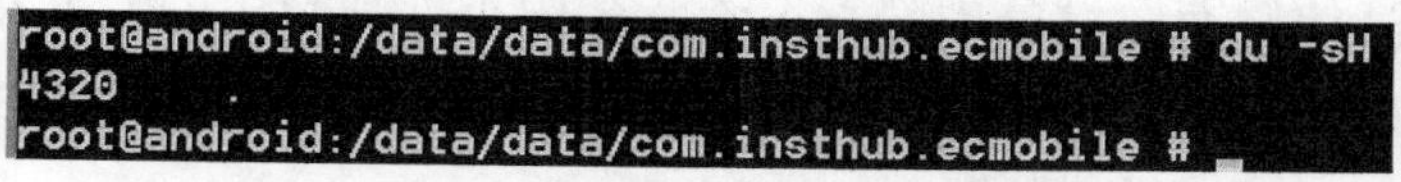

```
root@android:/data/data/com.insthub.ecmobile # du -sH
4320    .
root@android:/data/data/com.insthub.ecmobile #
```

图 4-49 使用 du -sH 命令查看 ECMobile 应用占用的空间

性能测试中的 CPU 占用率可以利用网易的 Emmagee 工具进行测试，如图 4-50 所示。另外，腾讯提供了功能更复杂和强大的 GT 工具，百度提供了测试助手工具。

启动 Emmagee，选中需要测试的应用，单击“开始测试”按钮。Emmagee 就会监控该应用的内存占用量、CPU 占用率等信息，结束测试后的结果会作为 csv 文件保存到 sdcard 上。通过 adb pull 可将 csv 文件下载到计算机上并查看，如图 4-51 所示。

图 4-50 Emmagee 工具

指定应用的CPU内存监控情况			
应用包名:	com.netease.pris		
应用名称:	Pris		
应用PID:	675		
机器内存大小(MB):	336.36MB		
机器CPU型号:	ARMv7 Processor rev 0 (v71)		
机器android系统版本:	4.2		
手机型号:	sdk		
UID:	10048		
时间	应用占用内存PSS(MB)	应用占用内存比(%)	机器剩余内存(MB)
11:42:28	19.81	5.89	192.55
11:42:33	21.25	6.32	192.7
11:42:38	23.44	6.97	189.06
11:42:43	24.01	7.14	188.57
11:42:48	13.71	4.08	197.43
11:42:53	16.2	4.82	196.69
11:42:58	18.35	5.46	194.82
11:43:03	23.25	6.91	192.5

图 4-51 查看 csv 文件

为了达到更高的性能，设备中除了有若干个中央处理器（CPU）外，还会有若干个图形处理器（GPU），GPU 专门进行显示的处理。因此除了针对 CPU 占用率进行测试外，还需要针对 GPU 占用率进行测试。

GPU 占用率的测试涉及 GPU 过度绘制、屏幕滑动帧速率和屏幕滑动平滑度，后两者一般通过高速相机拍照来获取数据并进行计算。在“设置”选项下的“关于设备”中连续单击版本号，可启动开发者选项。在开发者选项中可以看到“显示 GPU 过度绘制”复选框，勾选后即可对应用的 GPU 绘制情况进行测试，如图 4-52（a）所示。不同颜色代表不同的重复绘制次数，一般需要重点关注红色，尤其是深红色区域，对这些区域的显示要进行优化，如图 4-52（b）所示。

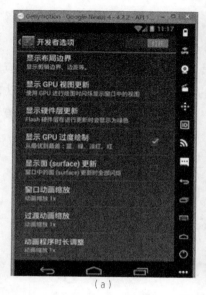

深红色区域

(a)　　　　　　　　　(b)

图 4-52　GPU 过度绘制

所谓过度绘制就是同一个区域绘制多次，客观上造成了 GPU 占用率较高。当然，GPU 过度绘制对于大多数应用而言并不是一个特别大的问题。

流量和功耗使用一些测试仪器进行测试会比较准确。如果想粗略了解流量和功耗，可以使用 Emmagee 以及类似的工具来进行测试。其中功耗的测试包含安装功耗、待机功耗和使用功耗等。安装功耗就是在安装前测试一下电量，安装完后再测试一下电量，确认安装过程是否会耗费较多电量。待机功耗是指让应用在后台运行时的功耗，而使用功耗则是当前正在使用应用时的功耗。

无论是哪种性能测试，都需要进行横向和纵向的对比。横向对比是指和竞品进行对比，纵向对比是指和以前的版本进行对比。另外，需要形成性能的基准数据，在以后测试时会将性能测试的结果和基准数据进行对比。

3. iOS 应用的性能测试

iOS 应用的性能测试的常见指标如下：

- 启动时间；
- 内存占用量；
- CPU 占用率；
- 流畅度；
- 流量消耗；

- 功率。

由于 iOS 系统相对封闭，因此针对 iOS 应用的性能测试技术手段相对较少，一般使用 Xcode 自带的 Instrument 工具。Instrument 工具（见图 4-53）是一个以独立应用形式存在的工具集，可以检查一个或多个应用或进程的行为；可以检查设备相关的功能，如 Wi-Fi、蓝牙等；可以查找应用中的内存问题，如内存泄露（memory leaking）、废弃内存（abandoned memory）、僵尸（zombie）等。

图 4-53　Instrument 工具

Instrument 中的主要模块有以下几个。

- Activity Monitor：监控进程级别的 CPU、内存、磁盘、网络使用情况，可以得到应用程序在手机运行时总共占用的内存。
- Allocations：跟踪内存申请、释放历史，可以检测每一个堆对象的内存分配情况。
- Cocoa Layout：观察 NSLayoutConstraint 对象的改变，找出布局代码的问题所在。
- Core Animation：显示显卡性能以及 CPU 使用情况。
- Core Data：跟踪 Core Data 文件的系统活动。
- Counters：收集使用时间或基于事件的抽样方法的性能监控计数器（Performance Monitoring Counter，PMC）事件。
- Energy Log：监控耗电量。
- File Activity：检测文件创建、移动、变化、删除等。

- Leaks：检查内存泄露。
- Metal System Trace：2014 年苹果在 iOS 平台上推出的高效的底层 3D 图形 API，它通过减少驱动层的 API 调用 CPU 的消耗提高渲染效率。
- Network：用链接工具分析程序如何使用 TCP/IP 和 UDP/IP 链接。
- System Trace：实现系统跟踪。
- System Usage：记录文件读写、套接字、I/O 系统活动、输入/输出等。
- Time Profiler：对系统 CPU 上运行的进程以低负载时间为基础进行采样。
- Zombies：测量一般的内存使用情况，检测过度释放的野指针对象，也提供对象分配统计，以及主动分配的内存地址历史。

启动时间可以通过 Instrument 中的 Time Profiler 来获取，启动 Time Profiler 后，为了分析目标应用的性能，切换到 CPU strategy view，找到目标应用启动的第一帧，搜索-[UIApplication_reportAppLaunchFinished]，找到包含-[UIApplication_reportAppLaunchFinished]的最后一帧，即可计算出启动时间。若启动时间过长，就算用户不退出应用，苹果提供的"看门狗"（Watch Dog）机制也会强行终止该应用。

如果想查看整体的内存使用情况，则可以使用 Instrument 中的 Activity Monitor。如果想仔细查看某个应用的内存使用，则可以使用 Instrument 中的 Allocations。如果想检查是否有内存泄露，则可以使用 Instrument 中的 Leaks。

CPU 占用率可以通过 Instrument 中的 Activity Monitor 进行查看。大部分应用在刚启动不久时 CPU 占用率比较高，之后就趋于稳定。另外，主要影响 CPU 使用情况的是计算密集型的操作，比如，动画，布局计算，文本的计算和渲染，图片的解码和绘制等。因此可以在相应时刻多观察 CPU 占用情况。

流畅度可以通过 Instrument 的 Core Animation 中的帧率来查看。一般而言，在用户操作时，如果帧率小于 40，则说明存在卡顿问题。

4.3.4 兼容性测试

1. 回顾

兼容性测试常见的是操作系统的兼容性测试以及浏览器的兼容性测试，它需要在不同的环境中进行测试。

2. Android 应用的兼容性测试

由于 Android 系统是一个开放系统，因此会产生碎片化现象。不同产品使用的硬件以及 Android 系统都有差异，这就要求对 Android 移动应用进行兼容性测试。兼容性测试主要考虑以下因素。

- Android 版本：不仅包括 Android 本身的版本，还涉及不同产品对 Android 进行修改后的版本。
- 屏幕尺寸：指屏幕大小，比如 4 英寸[①]屏、5 英寸屏等。
- 屏幕像素：主要指像素的大小，像素越大，屏幕越清晰。
- 屏幕分辨率：指长和宽上像素的多少。
- 权限设置：不同用户对于设备权限的控制不一定相同，比如，用户会禁止所有非系统应用使用摄像头等。

在测试兼容性时，需要准备多款手机来进行测试。目前有很多平台提供手机租用功能，这样能大大降低成本。常见的平台包括 testin、阿里云测、百度云测、腾讯优测等。这里以阿里云测为例来介绍兼容性测试。

访问阿里云移动测试平台，进入 Android 测试中的兼容性测试，发现阿里提供的兼容性测试如图 4-54 所示。

图 4-54　阿里提供的兼容性测试

选择上传 ECMobile 的 apk 文件，选择免费的 30 款随机终端来进行测试。开始测试后等待一段时间即可获得兼容性测试报告，该报告也可直接下载。

3. iOS 应用的兼容性测试

相对于 Android 应用的兼容性测试，iOS 应用的兼容性测试要简单一些，主要考虑以下因素：

- iPhone、iPad 型号；
- iOS 版本，需要注意应用在 iOS 各个版本上的变化。

---

① 1 英寸=2.54 厘米。——编者注

同样，也可以使用阿里云移动测试等平台进行兼容性测试。

4.3.5　可靠性测试

1. 回顾

可靠性测试包括稳定性测试和异常测试。稳定性测试主要看软件长时间使用会不会出问题，而异常测试则检查软件在遇到一些异常时的处理情况，比如，网络连接断开、断电等异常情况。

2. Android 应用的可靠性测试

Android 应用的稳定性测试通常通过 Monkey 工具来执行。该工具通过命令行 monkey -p PackageName --throttle Number -s Number -v -v -v Number 来使用。-p 参数后面跟的是应用对应的包名，这可以通过 aapt 工具查看。--throttle 参数后面跟的是操作时间间隔，常用值为 500（表示 500ms），模拟人的操作频率。-s 参数后面跟的是随机数序列的种子，在该数字不变的情况下，多次运行生成的操作序列是一样的。3 个 -v 表示记录日志是最详细的，最后的数字则表示操作的次数。Monkey 工具的使用方法如图 4-55 所示。

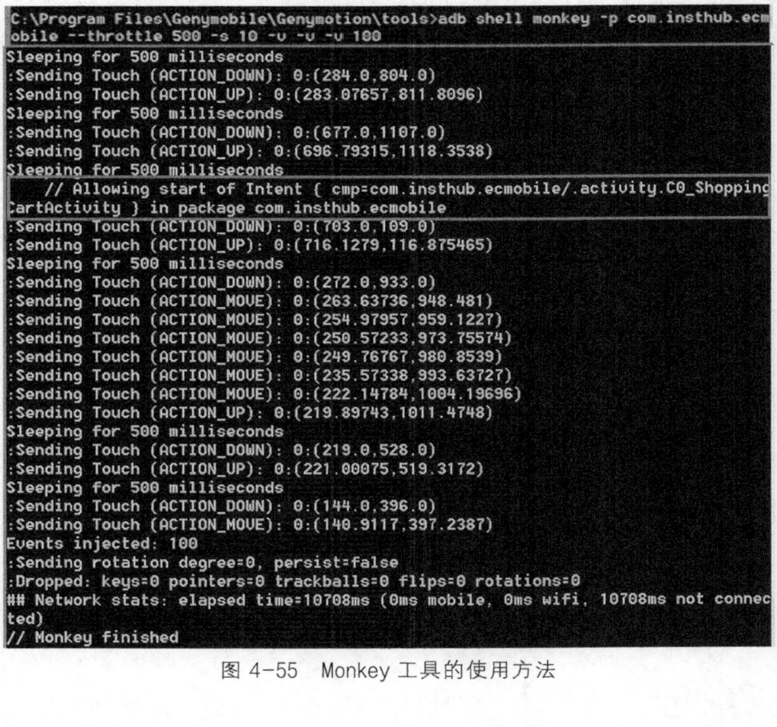

图 4-55　Monkey 工具的使用方法

Monkey 开始随机操作前，会显示生成的各种操作事件的比例，一共有 11 种类型（见图 4-56）。常见的操作类型有触摸、滑动，可分别通过--pct-touch 和--pct-motion 参数来设置比例，比如，将 ECMobile 全部设置为触摸操作的命令为 adb shell monkey -p com.insthub.ecmobile --throttle 500 -s 10 -- pct-touch 100 -v -v -v 100。需要根据所用 Android 手机本身的特点来选择模拟哪些操作。

运行结果中包含了操作的活动界面，所执行的操作以及出现的错误等。可以搜索"anr"来检查 ANR 问题，搜索"crash"来检查崩溃问题。

图 4-56　操作事件的比例

如果长时间运行 Monkey，则可能会出现应用崩溃、超时等情况。如果还想继续运行 Monkey，则需要使用--ignore-crashes（忽略崩溃）、--ignore-timeouts（忽略超时）、--ignore-security-exception（忽略安全异常）等参数。

由于 Monkey 是随机操作的，因此无法保证每个页面以及界面元素都遍历到。一种比较简单但不太精确的做法是修改-s 参数后的数字来执行多次随机操作。另一种比较精确的方法是利用一些自动化工具来识别页面元素，然后结合编程和 Appium 来进行遍历。当利用 Monkey 进行稳定性测试时，不允许出现 crash 和 anr（应用无响应）的情况。

Monkey 的随机操作还有可能会涉及状态栏的操作，也有可能会误关闭 Wi-Fi 等。为了避免这种情况出现，可以用 simiasque 应用来遮住状态栏，避免 Monkey 的操作影响到状态栏，如图 4-57 所示。

移动应用的异常测试包括以下几种：

- 断电重启；
- 网络中断；
- 程序异常退出（通过程序信息强制终止）；
- apk 文件名包含中文；
- 清除缓存等。

在网络意外中断的情况下，ECMobile 的首页将无法更新。重新安装 ECMobile，在网络连接异常的情况下打开 ECMobile 时，首页显示为空白。恢复网络后，发现首页无法更新，但搜索界面、购物车界面、个人中心都可以正常更新，只有关闭应用后重新运行才可以解决该问题。这其实就是 ECMobile 的一个 Bug，如图 4-58 所示。

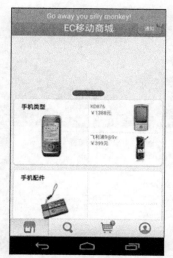

图 4-57 用 simiasque 应用来遮住状态栏

图 4-58 ECMobile 的一个 Bug

3. iOS 应用的可靠性测试

iOS 中没有完全类似于 Android 中的 Monkey 工具，需要利用 Instrument 中的 UI Test，需要自己编写代码来实现。

4.3.6 用户体验测试

1. 回顾

用户体验测试也叫易用性测试，主要关注软件用起来是否方便，操作是否便捷，界面是否美观等。

2. Android 应用的用户体验测试

移动应用的用户体验测试需要考虑到移动应用的特点：移动应用受到界面大小的限制，通常用图标来代表文字，界面上文字比较少，这样图标的选用就比较讲究了，通过图标最好能看出是什么功能。另外移动应用是用手指进行操作的，因此需要考虑操作是否方便，比如，单击区域大小是否合理等，如图 4-59（a）和（b）所示。

3. iOS 应用的用户体验测试

iOS 应用常见的用户体验测试包括以下几种。

- 测试虚拟按键可触摸范围和图标所显示范围是否一致。
- 测试当前应用的声音播放功能是否在拔出耳机后自动暂停。

（a）

（b）

图 4-59　界面元素的操作范围

- 在播放视频时，测试长时间不操作是否会自动锁屏。
- 测试输入外语时是否存在换行问题，例如，一个单词被拆开换行。
- 测试下载时是否会自动锁屏，iOS 中自动锁屏一般会中断下载。
- 测试下载任务的断点续传。
- 当有来电或消息推送时，测试应用是否能自动暂停。
- 测试能否关联相关文件，例如，需要使 pdf 阅读器在其他应用中显示用该应用可以打开文件的选项。
- 测试在应用中能否正常完成复制、粘贴等操作。
- 对于来电前已经手动暂停的播放，测试挂断来电后是否会自动继续播放。
- 测试当前应用的手势操作是否与系统自带的手势操作冲突，例如，iPhone 的下拉菜单，iPad 的多手势操作。
- 开启辅助功能中的字体放大功能后，测试当前应用的 UI 是否被破坏。
- 测试"朗读所选项"功能在当前应用中的朗读质量。
- 测试启动 VoiceOver 后能否正常使用。
- 测试 iPhone 版的应用能否在 iPad 上放大后正常使用。

4.3.7 网络测试

1. 回顾

网络测试不仅关注不同网络下的功能测试、性能测试，还关注弱网测试和无网测试等。

2. 移动应用的网络测试

移动应用在使用过程中主要涉及的是移动网络或者无线网络，同时用户还可能处于移动状态，所以移动应用的网络测试主要考虑以下因素。

- 不同网络下（2G/EDGE/3G/4G/Wi-Fi）的使用情况。
- 不同网络切换下的测试，比如，从 4G 网络切换为 3G 网络，又切换为 Wi-Fi 网络等。
- 当网络信号较弱时应用是否还能正常工作。实际工作中为了进行弱网测试，需要到停车场、地铁等信号较弱的地方来开展测试。另外，还可以利用一些工具来模拟，如 Fiddler、NEWT（Network Emulator for Windows Toolkit）、ATC 等。
- 无网络条件下的测试。

在进行弱网测试时，利用 Fiddler 可以进行慢网速的简单模拟，如果想模拟得更精细，则需要使用到 NEWT 或者 ATC 等。NEWT 是微软开发的一款工具，在 Windows 系统下使用。ATC 是 Facebook 开发的一款工具，在 Linux 系统下搭建，需要使用到 Wi-Fi。这里用 NEWT 来介绍如何执行弱网测试。

安装 NEWT 后，运行它，每个网络环境都对应一个 VirtualChannel，每个网络环境都需要设置上下行带宽、丢包率等参数，这些设置对应链接的设置。另外，还可设置过滤器来看哪些数据需要经过这个网络环境，如图 4-60 所示。

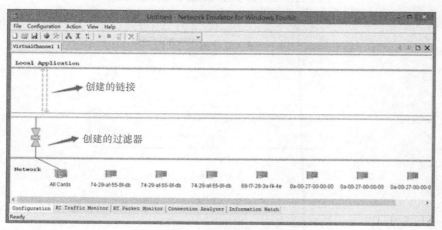

图 4-60 各种设置

Link 需要对上行属性分别进行设置，主要是丢包情况与延迟，如图 4-61（a）～（c）所示。

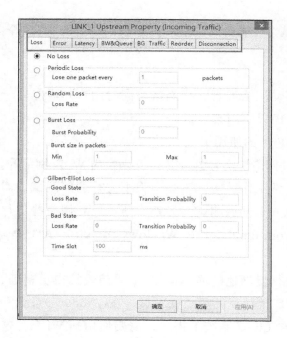

（a）

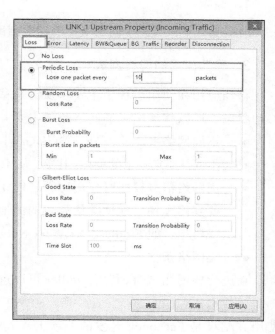

（b）

图 4-61　设置丢包情况与延时

（c）

　　计算机中可能会有多个网络连接设备，这时需要通过过滤器设置只针对某个网络连接设备。通过 ipconfig /all 可以查看网络连接设备的物理地址，如图 4-62 所示。

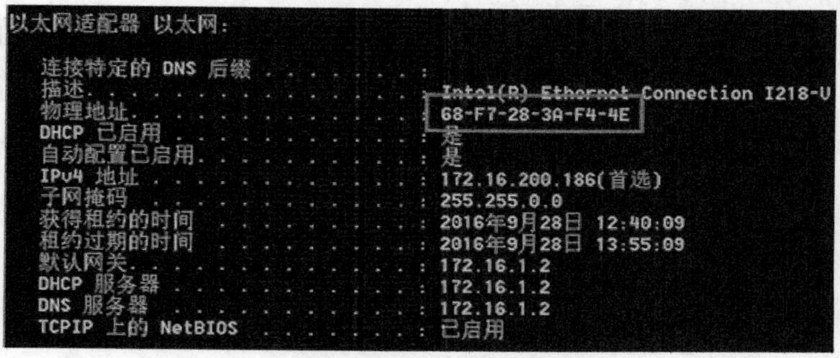

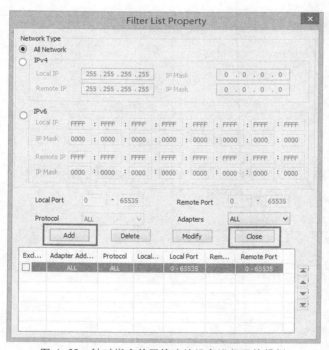

图 4-62　查看物理地址

　　在 Filter List Property 对话框中选择只针对该网络连接设备进行网络模拟，如图 4-63 所示。

图 4-63　针对指定的网络连接设备进行网络模拟

　　模拟器或真机设置通过以 Fiddler 作为代理来访问网络。在 NEWT 中选择通过传输速率为 56kbit/s 的调制解调器进行连接，模拟低速网络，然后启动。在模拟器中运行 ECMobile，可以明显感觉 ECMobile 界面的显示会变慢许多，在这种情况下执行操作，可能会存在超时情况。需要注意，hosts 文件中 shop.ecmobile.cn 对应的服务器不能是本机上的服务器，必须是远端的服务器，否则对低速网络的模拟是看不出来的。接下来，从菜单中选择 Configuration→New Link，创建一个新的链接，如图 4-64 所示。

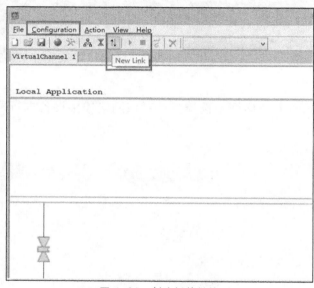

图 4-64　创建新的链接

　　在没有启动低速模拟网络时，ECMobile 从服务器端获取图片文件的速度还是很快的，可以一次性成功，如图 4-65 所示。

8	200	HTTP	shop.ecmobile.cn	/data/afficheimg/20140211embhms.png
9	200	HTTP	shop.ecmobile.cn	/data/afficheimg/20130723xlabsn.png
10	200	HTTP	shop.ecmobile.cn	/data/afficheimg/20130723slzyll.jpg
11	200	HTTP	shop.ecmobile.cn	/data/afficheimg/20130723uddgac.jpg
12	200	HTTP	shop.ecmobile.cn	/images/201604/goods_img/99_G_1461191876629.jpg
13	200	HTTP	shop.ecmobile.cn	/images/201604/goods_img/97_G_1461190885066.jpg
14	200	HTTP	shop.ecmobile.cn	/images/201604/goods_img/68_G_1461116923922.jpg
15	200	HTTP	shop.ecmobile.cn	/images/201604/goods_img/67_G_1461116631615.jpg
16	200	HTTP	shop.ecmobile.cn	/images/201604/goods_img/90_G_1461180182656.jpg

图 4-65　正常网络状态下可成功获取图片

在启动低速模拟网络时，ECMobile 从服务器端获取图片的速度就比较慢了。存在多次重复请求，并且存在前面请求已经收到响应文件，但仍然重复发送请求的情况，如图 4-66 所示。

⬇ 24	-	HTTP	shop.ecmobile.cn	/data/afficheimg/20140211embhms.png
🖼 25	200	HTTP	shop.ecmobile.cn	/data/afficheimg/20130723slzyll.jpg
⬇ 26	-	HTTP	shop.ecmobile.cn	/data/afficheimg/20130723xlabsn.png
🖼 27	200	HTTP	shop.ecmobile.cn	/data/afficheimg/20140211embhms.png
🖼 28	200	HTTP	shop.ecmobile.cn	/data/afficheimg/20130723uddgac.jpg
⬇ 29	-	HTTP	shop.ecmobile.cn	/data/afficheimg/20140211embhms.png
🖼 30	200	HTTP	shop.ecmobile.cn	/data/afficheimg/20130723xlabsn.png
🖼 31	200	HTTP	shop.ecmobile.cn	/data/afficheimg/20130723xlabsn.png
⬇ 32	-	HTTP	shop.ecmobile.cn	/data/afficheimg/20130723xlabsn.png
🖼 33	200	HTTP	shop.ecmobile.cn	/images/201604/goods_img/99_G_1461191876629.jpg
⬇ 34	-	HTTP	shop.ecmobile.cn	/data/afficheimg/20140211embhms.png
🖼 35	200	HTTP	shop.ecmobile.cn	/images/201604/goods_img/97_G_1461190885066.jpg
🖼 36	200	HTTP	shop.ecmobile.cn	/images/201604/goods_img/97_G_1461190885066.jpg
🖼 37	200	HTTP	shop.ecmobile.cn	/images/201604/goods_img/97_G_1461190885066.jpg
⬇ 38	-	HTTP	shop.ecmobile.cn	/data/afficheimg/20130723xlabsn.png
⬇ 39	-	HTTP	shop.ecmobile.cn	/data/afficheimg/20130723xlabsn.png
🖼 40	200	HTTP	shop.ecmobile.cn	/images/201604/goods_img/68_G_1461116923922.jpg
🖼 41	200	HTTP	shop.ecmobile.cn	/images/201604/goods_img/90_G_1461180182656.jpg
🖼 42	200	HTTP	shop.ecmobile.cn	/images/201604/goods_img/67_G_1461116631615.jpg
🖼 43	200	HTTP	shop.ecmobile.cn	/images/201604/goods_img/97_G_1461190885066.jpg
🖼 44	200	HTTP	shop.ecmobile.cn	/data/afficheimg/20140211embhms.png
🖼 45	200	HTTP	shop.ecmobile.cn	/data/afficheimg/20140211embhms.png

图 4-66　低速网络状态下获取图片容易失败

第5章　微信的测试

微信应用包含微信公众号和微信小程序,而微信公众号又可以分为订阅号和服务号。微信号提供了单独的测试账号平台,本章主要介绍微信公众号的测试。

5.1 测试环境搭建

5.1.1 申请微信公众平台接口测试账号

测试微信公众号需要有公众号账号,因此不少公司会有一个正式对外的微信公众号和一个测试时使用的微信公众号。访问微信官网即可申请微信公众平台接口测试账号,如图 5-1 所示。

图 5-1　申请微信公众平台接口测试账号

申请账号将获得 AppID 和 Appsecret,这两个信息将会在设置微信公众号后台服务器时使用到。到目前为止只获得了测试账号的基本信息,还需要通过设置将微信公众号后台服务器和微信公众号平台连接起来。

5.1.2 通过 Ngrok 实现内网穿透

为了将微信公众号后台服务器和微信公众号平台连接起来,微信公众号平台要能访问微信公众号后台服务器。由于后台服务器在实际研发过程中是在内网进行的，因此需要利用 Ngrok 进行内网穿透，将内网的后台服务器映射到公网上，从而能让微信公众号平台访问到。

关于微信公众号测试，使用的案例基于一个微商多店铺管理平台，安装之后通过 localhost 可访问，如图 5-2 所示。

图 5-2　访问管理后台

5.1.3　验证服务器地址

微信公众号平台能访问微商后台。在设置接口配置信息时，需要确认设置的服务器是配置接口的人能控制的服务器，这就需要把一个特定文件存放到微商后台服务器上以供微信公众号平台进行验证。

首先访问微信官网，在微信公众平台开发者文档中找到"接入指南"的第 2 个步骤（见图 5-3）。然后下载关于微信服务器的验证消息的示例代码，如图 5-4 所示。

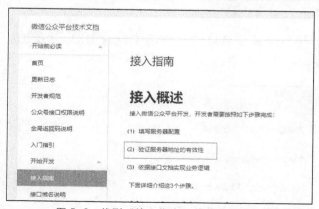

图 5-3　找到"接入指南"的第 2 个步骤

图 5-4　下载的示例代码

接下来，修改 demo.php，如图 5-5 所示。

```php
<?php

include_once "wxBizMsgCrypt.php";

if(strtolower($_SERVER['REQUEST_METHOD']) == 'get') {
        file_put_contents('weixin_log.txt', "IP=".$_SERVER['REMOTE_ADDR'].PHP_EOL,FILE_APPEND); //记录访问IP到log日志
        file_put_contents('weixin_log.txt', "QUERY_STRING=".$_SERVER['QUERY_STRING'].PHP_EOL,FILE_APPEND); //记录请求字符串到log日志
        file_put_contents('weixin_log.txt', '$_GET[echostr]='.htmlspecialchars($_GET['echostr']).PHP_EOL,FILE_APPEND); //记录是否获取到echostr参数
        exit(htmlspecialchars($_GET['echostr']));               //把echostr参数返回给微信开发者后台
```

图 5-5　修改 demo.php

接下来，在"微商号设置"界面中找到微商店铺对应的"微信 Token"，这样微信公众平台就可以利用该 Token 来和微商服务器连接了，如图 5-6 所示。

图 5-6　找到"微信 Token"

接下来，在微信测试账号的"接口配置信息修改"界面中设置 URL 以及 Token 值，这样就能通过验证，如图 5-7 所示。

图 5-7　设置接口配置信息

另外，在将体验接口权限表中，还需要把"网页授权获取用户基本信息"设置为相应的授权回调页面域名。"授权回调页面域名"的设置如图 5-8 所示。

图 5-8　"授权回调页面域名"的设置

5.1.4　设置微信号

微信公众平台可以和微商平台对接。下面需要在微商平台上设置微信号，从而让微信公众平台和微商平台能进行数据交互，在微信测试账号中显示微商平台上的数据，如图 5-9 所示。

图 5-9　设置微信号

公众号 AppId、公众号 AppSecret 都是在申请微信公众测试账号时获得的。

5.1.5　设置菜单

微信公众号中的菜单实际对应的就是链接或者关键字，因此进行简单设置即可，如

图 5-10 所示。

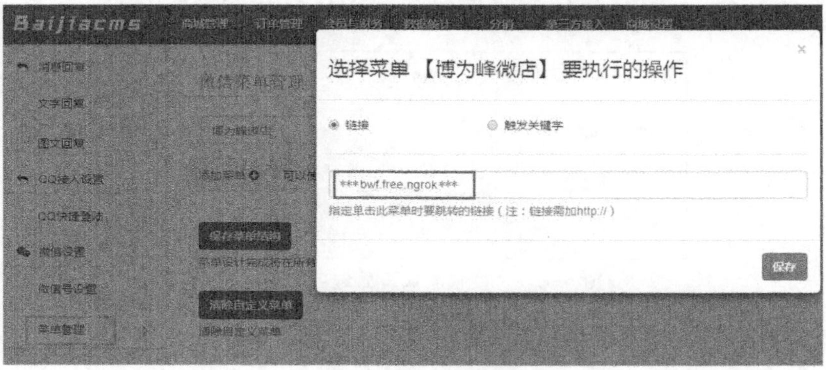

图 5-10 菜单设置

对于链接，单击该菜单后会直接跳转过去；对于关键字，则会根据关键字自动回复自定义的内容。

5.1.6 简单验证

首先，用微信扫描测试账号对应的二维码，即可关注该测试公众号。然后，可以在该测试公众号中选择不同菜单，并进行验证，如图 5-11 所示。

图 5-11 在测试公众号中选择不同菜单并进行验证

　　在操作时可能会发现每次单击菜单都会提示跳转，这是因为微信认为微商使用的域名是未备案的。如果使用了已经备案的域名，则不存在该问题。

　　修改微商的域名后，需要对微信公众号测试账号中的设置进行相应的修改，尤其需要注意对"网页授权获取用户基本信息"的修改，否则会出现 redirect_uri 参数错误。

5.2 常见测试类型

　　要对微信公众号进行测试，首先需要了解微信公众号的工作原理，如图 5-12 所示。

　　手机上安装的是微信客户端，要使用微信的相关功能以及微信公众号，需要有微信服务器。另外，微信公众号打开的网页或者数据可能来自外部的业务服务器。

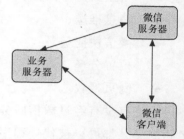

图 5-12　微信公众号的工作原理

　　微信公众号的常见功能包括菜单以及关键字。菜单往往打开一个新的网页，该网页是从业务服务器获取的。而关键字则由微信客户端发送给微信服务器，然后微信服务器将关键字转发给业务服务器，业务服务器会对关键字进行处理并给出响应，接着响应通过微信服务器转发给微信客户端。微信服务器给业务服务器提供接口，这扩展了业务服务器能实现的功能，使业务服务器不仅是一个 Web 系统。微信服务器提供的接口还是比较丰富的，包括对话服务接口、功能服务接口和网页服务接口，如图 5-13 所示。

接口名称	未认证订阅号	微信认证订阅号	未认证服务号	微信认证服务号
基础支持-获取access_token	有	有	有	有
基础支持-获取微信服务器IP地址	有	有	有	有
接收消息-验证消息真实性、接收普通消息、接收事件推送、接收语音识别结果	有	有	有	有
发送消息-被动回复消息	有	有	有	有
发送消息-客服接口		有		有
发送消息-群发接口		有		有
发送消息-模板消息接口（发送业务通知）				有
发送消息-一次性订阅消息接口		有		有
用户管理-用户分组管理		有		有
用户管理-设置用户备注名		有		有
用户管理-获取用户基本信息		有		有

图 5-13　微信服务器提供的接口

5.2.1　功能测试

考虑到微信公众号的有些功能和微信服务器有关,有些和微信服务器无关,因此在进行业务功能测试时,需要分别考虑。对于和微信服务器无关的业务功能,测试和一般 Web 系统的业务功能测试是一样的;而对于和微信服务器相关的业务功能,则需要考虑微信相关功能对业务功能的影响。关于微信公众号的功能测试,要考虑以下方面:

- 公众号的关注和取消关注;
- 根据关键字回复;
- 消息推送;
- 微信快捷登录;
- 位置分享;
- 网页授权。

无论有没有经过微信服务器,在使用 Ngrok 反向代理时,微信客户端和业务服务器之间的交互都可以被代理程序捕获到。因此可以借用 Ngrok 来更好地检查微信客户端和业务服务器之间的交互,从而更细致地测试功能。

ngrok.cc 提供的客户端能够通过 http://127.0.0.1:4040/http/in 查看流入业务服务器的交互数据,如图 5-14 所示。

图 5-14　交互数据

5.2.2　性能测试

如果微信公众号的功能不需要经过微信服务器中转,那么实际的性能测试主要是业务服务器本身的性能测试，其次是微信客户端网页的前端性能测试。前端性能测试可以使用 Fiddler 代理，抓取微信客户端发出的请求和响应，如图 5-15 所示。Fiddler 的具体使用请参见 4.3.2 节。

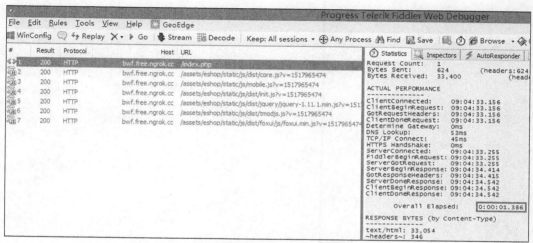

图 5-15　抓取微信客户端发出的请求和响应

如果微信公众号的功能必须经过微信服务器中转（比如，通过发送关键字来进行秒杀），那么性能测试就涉及业务服务器和微信服务器之间的接口。如果主要测试业务服务器对于接口上并发数据的处理，就可以跳过微信客户端，直接用性能测试工具或者自己编写代码来执行。

5.2.3　兼容性测试

微信客户端访问微信公众号使用的是微信内嵌的浏览器，该浏览器版本和微信版本对应，因此微信公众号兼容性测试主要考虑以下因素：

- 微信版本；
- 屏幕尺寸；
- 屏幕像素；
- 屏幕分辨率。